高等职业教育土建类"十四五"系列教材

工程造价软件应用

GONGCHENG ZAOJIA RUANJIAN YINGYONG

主　编　张　凯　李炳良
副主编　冯　彬　柳宜爽　邵　伟
　　　　乔　森
参　编　孙　政　李慧青　史少杰
　　　　武忠龙　童润润

电子课件
（仅限教师）

中国·武汉

图书在版编目(CIP)数据

工程造价软件应用/张凯，李炳良主编．—武汉：华中科技大学出版社，2023.3
ISBN 978-7-5680-9280-7

Ⅰ.①工… Ⅱ.①张… ②李… Ⅲ.①建筑工程-工程造价-应用软件 Ⅳ.①TU723.3-39

中国国家版本馆 CIP 数据核字(2023)第 043509 号

工程造价软件应用
Gongcheng Zaojia Ruanjian Yingyong

张凯　李炳良　主编

策划编辑：康　序
责任编辑：李曜男
封面设计：孢　子
责任监印：朱　玢

出版发行：华中科技大学出版社(中国·武汉)　　电话：(027)81321913
　　　　　武汉市东湖新技术开发区华工科技园　　邮编：430223
录　　排：武汉创易图文工作室
印　　刷：武汉市籍缘印刷厂
开　　本：787mm×1092mm　1/16
印　　张：15.5
字　　数：397千字
版　　次：2023年3月第1版第1次印刷
定　　价：48.00元

本书若有印装质量问题，请向出版社营销中心调换
全国免费服务热线：400-6679-118　竭诚为您服务
版权所有　侵权必究

前言

工程造价软件应用是建筑工程造价的核心课程，是形成职业能力的重要课程之一，具有综合性强、实践性强、涉及面广、技术要求高等特点。

近年来，教育教学改革不断深入，随着建筑工程造价以就业为导向的"校企合作、工学结合"教学模式的改革研究和实践不断深入，造价工作适应 BIM 技术应用的发展，工程造价软件应用成为高校教学改革的前沿课程，课程标准、教学模式、教学要求与授课内容发生了巨大变化。本书编写的主要指导思想是适应高校教学改革的需要，在参考其他院校教学改革成果的基础上，按学生毕业后工作岗位的需要来编写，以达到教学与就业的无缝对接。

本书具有以下特点。

(1)以能力为基础，按项目化实施重组内容。本书在内容上立足工作岗位的实际工作需要，突出"以应用为目的，以必需、够用为度"的原则；在内容组织上以项目化实施导入，通过对实用知识点的讲解，体现以能力培养、技能实训为本位的思想。本书的编写强调实际操作能力，同时保持一定的理论深度，有很高的实用价值。

(2)"以工学结合"为原则，紧跟时代，内容实用。本书以现行规范、法规和行业标准为依据，介绍了大量实用的软件功能，内容新颖，通俗易懂。

(3)以创新为表现形式，体现教改成果。本书按"校企合作、工学结合"教学模式的要求，以项目化教学法为基础对体例进行了编排，以应用广泛的广联达系列软件作为技术支持，围绕工程，详细介绍各种常用操作的步骤，配以软件实时操作的屏幕截图，有助于学生尽快掌握和领悟理论知识和实际操作，提高学生的实践能力。

(4)本书的编写邀请行业的专家参与。专家对行业岗位能力有着很深的理解，在本书编写过程中很好地把握了知识结构，使学生更好地将实践能力和理论知识相结合。

本书由枣庄科技职业学院张凯、滕州建工建设集团有限公司李炳良任主编，由滕州建工建设集团有限公司冯彬、枣庄科技职业学院柳宜爽、滕州建工建设集团有限公司邵伟、山东永福建设集团有限公司乔森任副主编，山东正袖建设工程项目管理有限公司孙政、滕州市东方建设工程事务有限公司李慧青、滕州市建筑业发展服务中心史少杰、枣庄中实工程造价咨询事务所有限公司武忠龙、广联达科技股份有限公司童润润参编。具体编写分工如下：李炳良和张凯负责编写前言、项目1，负责全书大纲的拟定和审核；冯彬、柳宜爽、邵伟、孙政负责编写项目2；史少杰、乔森负责编写课程导入；武忠龙、李慧青负责编写附录；童润润负责数字化资源。本书由张凯、李炳良统稿。本书配套软件的数字化教学视频及微课由广联达科技股份有限公司统筹策划并联合制作。在编写的过程中，很多咨询单位、造价单位提供了帮助并提供了大量工程资料，在此一并表示感谢！

为了方便教学，本书还配有电子课件等资料，任课教师可以发邮件至 husttujian@163.com 索取。

由于编者水平有限，书中不足之处在所难免，敬请各位专家、同行和读者提出宝贵意见，我们将不断改进。

编者

2023 年 2 月

课程导入：常用工程造价软件介绍

1. 课程基本知识

1）工程造价软件

工程造价软件是工程造价人员从事造价工作所需的应用软件。在工程造价中，由于招标时间的紧迫性，手工算量已经远远不能满足需求，取而代之的是各种各样的造价软件。

工程造价软件是一种针对工程造价的专业软件，能把造价人员从烦琐的手工劳动中解放出来，使工作效率得到大大提高。经过十多年的发展，工程造价软件比较成熟，算量的精确度较高，专业针对性很强。但是，由于软件的专业性，软件的运用范围比较狭窄，软件的价格也较高。

2）工程造价软件的特点

①速度快。工程造价是各种计算规则的具体运用。在手工算量的过程中，计算式繁杂，计算量大，重复性的脑力活动较多。而且，在计算过程中，如果某计算步骤出现错误，预算人员必须重新按照工程造价的计算程序计算一次，工作量大大增加。

工程造价软件内置了相应的工程造价计算规则，包括各种构件的扣减关系、节点构造等，而且工程量计算式由软件自动生成并计算结果，大大缩短了预算人员的时间。如果某构件的计算结果需要更正或者重新计算，造价人员只用在软件中直接修改该构件的数据，工程量的调整将由软件自动完成，能把预算人员从烦琐的计算中解放出来。

②算量准确度高。现在，工程造价软件经过十多年的发展，计算的准确度更高。预算人员经过一段时间的工程造价软件培训，掌握工程造价软件的操作流程、计算规则和特性，就可以实现手工计算和软件计算相结合。尤其是在钢筋计算的过程中，部分软件已经将平法规则内置，预算人员只要按照图纸的标注准确输入钢筋信息并合理设置节点构造形式，软件就会快速、准确地完成工程量计算。相对于以前的预算人员需要记忆大量的计算规则及构件的扣减关系，软件能更加快速、准确地计算。

③一图多算。目前的造价市场存在和清单计价并存的状态，即定额计价。工程造价软件提供了一图多算的功能，即只需要一次绘图输入就可以分别按照定额计价和清单计价完成工程造价的计算，实现清单计价和定额计价的对比，满足建设单位的需求；也可以根据不同地区的定额按照不同的定额计算规则计算不同的工程造价，使各工程的造价有了一定的横向可比性，为造价管理创造了更好的条件。

④实现工程造价的信息化管理。工程造价以往都是纸质的文档，不利于保存，现在可以

通过电子文档长久保存。另外，部分工程造价软件已经实现了网上询价，以广联达造价软件为例，各种所需的建材市场价格都可以通过软件在数字造价网站上完成询价过程，方便、快速，便于管理。

3）工程造价软件的分类

目前，市场上的工程造价软件品种繁多，一般分为算量软件和套价软件两类。全国各地常用的工程造价软件不太一样，各省有不同软件的准入审核。

算量软件一般有钢筋算量软件、土建算量软件、安装算量软件。开发上述软件的公司（品牌）主要有广联达、鲁班、斯维尔、品茗等。

套价软件按专业划分一般有建筑、安装、市政、其他专业（如石油化工、铁路、公路、冶金）的套价软件等。开发上述软件的公司（品牌）主要有广联达、神机妙算、斯维尔、品茗等。

2.广联达造价软件系统

广联达是造价市场中很有实力的软件企业，堪称中国造价软件行业的"微软"，也推出了软件资格的GASS认证，能够将造价人员对软件的运用程度做一个明确的划分。

广联达工程造价软件主要分为三个部分：图形算量软件、钢筋抽样软件和工程计价软件。计算步骤：用图形算量软件和钢筋抽样软件计算出工程量，将结果导入工程计价软件，通过数字造价网站的查询，生成最终的工程造价。

(1)广联达BIM土建计量平台GTJ2021。

(2)广联达云计价平台GCCP5.0。广联达云计价平台GCCP5.0满足国标清单及市场清单两种业务模式，覆盖了民建工程造价全专业、全岗位、全过程的计价业务场景，通过"端·云·大数据"产品形态，解决造价作业效率低、企业数据应用难等问题，助力企业实现作业高效化、数据标准化、应用智能化，达成造价数字化管理的目标。广联达云计价平台GCCP5.0面向具有工程造价编制和管理业务的单位与部门，如建设单位、咨询公司、施工单位、设计院等，实现概算、预算、结算、审计全业务覆盖，使各阶段工程数据互通、无缝切换，使各专业灵活拆分，支持多人协作，使工程编制及数据流转高效快捷。智能组价、智能提量、在线报表贯穿组价、提量、成果文件输出等各阶段，能提高工作效率，使新技术带来新体验。广联达云计价平台GCCP5.0能使单位工程快速新建、全费用与非全费用一键转换、定额换算一目了然，计算准确、操作便捷、容易上手。广联达云计价平台GCCP5.0支持全国所有地区的计价规范，支持各业务阶段专业费用的计算，使新文件、新定额、新接口专业、快速地响应。

目录 Contents

▶ **项目1 广联达BIM土建计量平台GTJ2021软件应用** /001

    1.1 整体介绍 /002
    1.2 建立工程模型 /003
    1.3 绘制构件 /007
    1.4 计算建筑工程量 /026
    1.5 输出工程量 /045
    1.6 智能检查 /046
    1.7 输出报表 /049

▶ **项目2 广联达云计价平台GCCP5.0软件应用** /051

    2.1 概述 /052
    2.2 云计价平台介绍 /052
    2.3 概算部分 /058
    2.4 招标部分 /072
    2.5 投标部分 /100
    2.6 结算部分 /167
    2.7 审核部分 /208
    2.8 移动端部分 /232

▶ **附录** /236

项目 1　广联达 BIM 土建计量平台 GTJ2021 软件应用

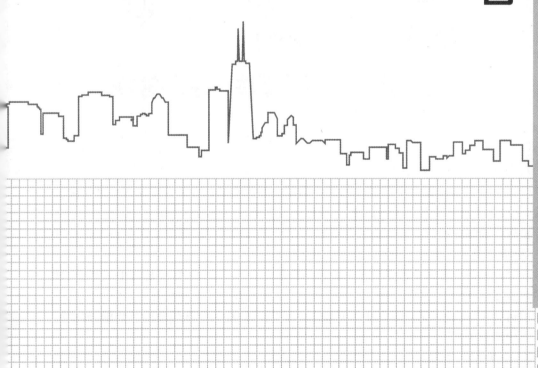

1.1 整体介绍

软件内置《房屋建筑与装饰工程工程量计算规范》及全国各地清单定额计算规则、16G101系列平法钢筋规则,通过智能识别CAD图纸、一键导入BIM设计模型、云协同等方式建立BIM土建计量模型,解决土建专业估概算、招投标预算、施工进度变更、竣工结算全过程各阶段的算量、提量、检查、审核全流程业务,实现一站式的BIM土建计量数据应用,如图1-1-1所示。

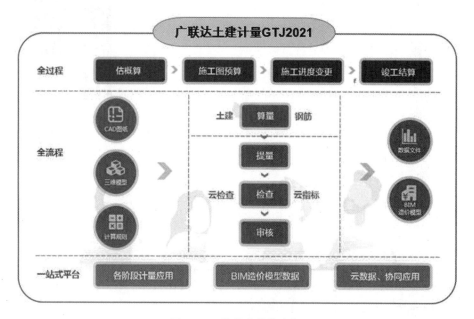

图1-1-1 软件的整体介绍

1. 软件算量的基本原理

GTJ2021通过画图方式建立建筑物的算量模型,根据内置的计算规则实现自动扣减、汇总出量,从而让工程造价从业人员快速、准确地进行算量、核量、对量工作。

算量软件能够计算的工程量包括土石方工程量、砌体工程量、混凝土及模板工程量、屋面工程量、天棚及其楼地面工程量、墙柱面工程量等。

软件算量并不是说完全抛弃了手工算量的思想。实际上,软件算量是将手工算量的思路完全内置在软件中,只是将过程利用软件实现,依靠已有的计算扣减规则,利用计算机这个高效的运算工具快速、完整地计算出所有的细部工程量,让大家从烦琐的背规则、列式子、按计算器中解脱出来。

2. 软件算量的流程

在进行工程的绘制和计算时,软件的基本操作流程包括建立工程模型、绘制构件、计算建筑工程量、输出工程量、智能检查、输出报表。

1.2 建立工程模型

1.2.1 准备阶段

准备建立工程模型所需的资料。

1.2.2 新建工程

(1)打开软件,在软件的欢迎界面新建一个工程,如图 1-2-1 所示。

图 1-2-1 软件新建工程界面

(2)在"新建工程"面板中输入工程名称,选择计算规则、清单定额库、钢筋规则、汇总方式等进行工程创建,点击"创建工程",如图 1-2-2 所示。

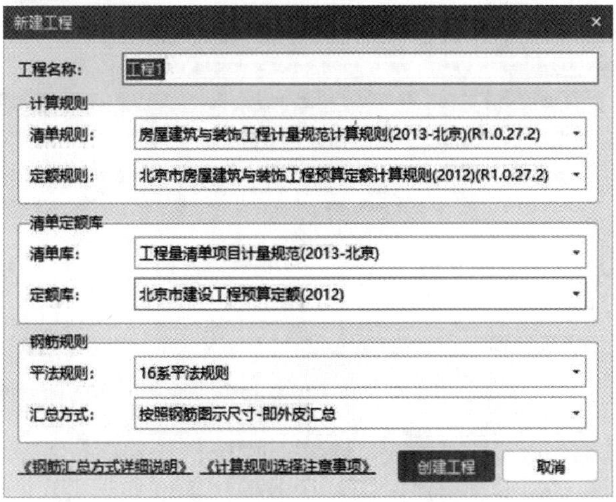

图 1-2-2 工程规则选择

(3)在"工程信息"面板中进行建筑信息描述,如建筑面积、建筑层数、基础形式等,特别注意檐高、结构类型、抗震等级、设防烈度、室外地坪相对±0.000标高的设置,如图1-2-3所示。这些数值将直接影响工程量的计算。

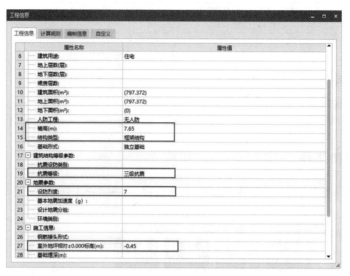

图1-2-3 工程信息录入

 练习

根据图纸在GTJ2021中建立一个定额模式的工程,计算规则按照当地情况选用。

1.2.3 新建楼层

(1)点击"工程设置"—"楼层设置"进行楼层设置、楼层混凝土强度和锚固搭接设置,如图1-2-4所示。

图1-2-4 新建楼层

(2)通过"插入楼层"进行地上、地下楼层的插入,地上层在首层进行插入楼层,鼠标定位在首层后插入,地下层在基础层进行插入楼层,鼠标定位在基础层后插入,同时同步修改层高、底标高、板厚、所在楼层建筑面积等信息,如图1-2-5所示。

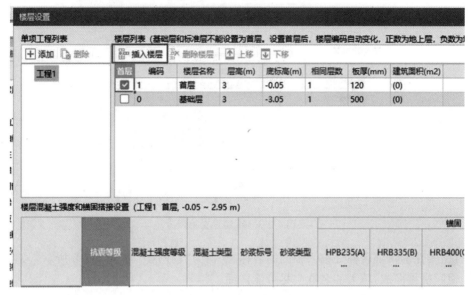

图 1-2-5　插入楼层

(3)在"楼层混凝土强度和锚固搭接设置"面板对工程的抗震等级、混凝土强度等级、混凝土类型、砂浆标号、砂浆类型、锚固、搭接、保护层厚度按照工程设计总说明进行修改。软件尺寸修改后的信息进行了标黄处理,方便查看。如果其他楼层的设置与首层设置相同,可以通过"复制到其他楼层"进行各项参数复制,如图1-2-6所示。

图 1-2-6　复制到其他楼层

根据图纸完成楼层的定义。

1.2.4　新建轴网

(1)在软件左侧界面的"导航树"中选择"轴线"—"轴网",单击"构件列表"工具栏的"新建"—"新建正交轴网",打开轴网定义界面,如图1-2-7所示。利用"构件列表"工具栏也可以新建斜交轴网、圆弧轴网。

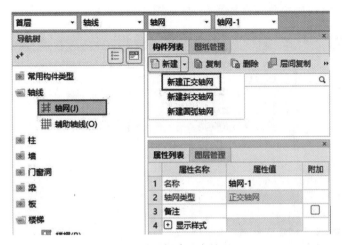

图 1-2-7　新建正交轴网

(2)在属性编辑框名称处输入轴网的名称,默认为"轴网-1",如图1-2-8所示。如果工程由多个轴网拼接而成,填入的名称应尽可能详细。

图 1-2-8　轴网命名

(3)选择一种轴距类型:软件提供了下开间、左进深、上开间、右进深四种类型,分别定义开间、进深的轴距,详表中分别设置了轴号、轴距、级别,如图1-2-9所示。

图 1-2-9　轴距类型

轴距定义方法有以下3种。

①从右侧常用值中选取：选中常用值，双击鼠标左键，所选中的常用值即出现在轴距的单元格中。

②直接输入轴距，在"常用值"上方的输入框中直接输入轴距，如3200，然后单击"添加"按钮或直接按回车键，轴号由软件自动生成。

③自定义数据：在"定义数据"中直接以"，"隔开输入轴号及轴距，格式为"轴号，轴距，轴号，轴距，轴号……"，如输入"A,3000,B,1800,C,3300……"。连续相同的轴距也可连乘，如"1,3000＊6,7"。

（4）轴网定义完成后，点击"建模"，采用绘图命令下的"点"方法画轴网，如图1-2-10所示。

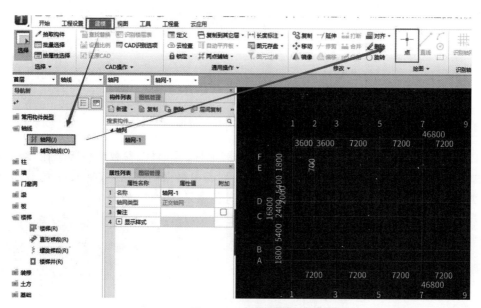

图1-2-10　轴网绘制

> **练习**
> 根据图纸完成轴网的定义和绘制。

1.3　绘制构件

1.3.1　柱工程量的计算

（1）在软件左侧界面的"导航树"中打开"柱"文件夹，选择"柱"构件，将右侧页签切换至

"构件列表"和"属性列表",如图 1-3-1 所示。

图 1-3-1 柱属性定义界面

(2)"新建"下的选项可以分别新建矩形柱、圆形柱、异形柱、参数化柱等。在"新建矩形柱"中输入柱名称(以 KZ1 为例),并在下方属性列表中根据图纸信息,将 KZ1 的截面尺寸、结构类型、钢筋型号、钢筋级别、钢筋根数、标高等信息录入软件,如图 1-3-2 所示。

> **温馨提示**
>
> 当柱子出现变截面时,可以在相应的楼层中修改 $b \times h$;当柱偏心时在柱表中修改 b_1、b_2、h_1、h_2 的值。

图 1-3-2 柱属性定义

(3)信息录入完成后,在软件菜单栏的"绘图"页签中选择"点"布置柱,可点击轴线交点布置。若柱的位置与轴线交点有偏移,可以将菜单栏下方的"不偏移"切换至"正交"并输入偏移量,还可以利用"Shift+鼠标左键"进行偏移量的输入。柱的绘制如图1-3-3所示。

> **温馨提示**
> 当输入的偏移距离为正数时,偏移的方向为X轴或Y轴的正方向。
> 当输入的偏移距离为负数时,偏移的方向为X轴或Y轴的负方向。

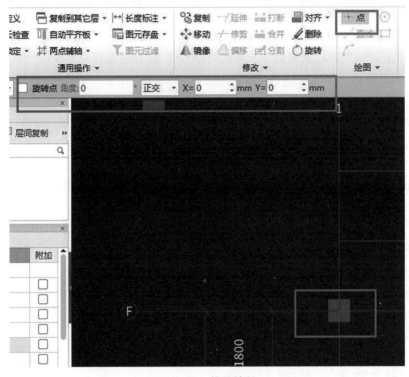

图1-3-3 柱的绘制

(4)绘制完KZ1后,切换其他柱构件,如图1-3-4所示,用点绘的方式绘制首层全部框架柱。

图1-3-4 切换柱构件

> **练习**
>
> 根据图纸在首层中定义所有的柱构件并查看量表的内容。

其他特殊画法包括"Ctrl+鼠标左键"画柱、在柱表中修改偏心柱、改变插入点、调整柱端头方向。

(1)"Ctrl+鼠标左键"画柱(只适用于矩形柱)。

对于在构件管理中建立的柱构件,如果柱偏心,在画柱时,操作步骤如下:

①切换柱构件 KZ1 并选择点式画法;

②按住 Ctrl 键,同时找到轴网交点单击鼠标左键,打开柱偏移对话框;

③在柱偏移对话框输入柱偏移尺寸,单击"确定"按钮。

(2)在柱表中修改偏心柱。

利用柱表建立构件时,如果有偏心柱,则可以直接输入 b_1、b_2、h_1、h_2 的值,在画的过程中柱会自动偏心,如 KZ2。

(3)改变插入点。

在画柱时,我们也可以通过改变柱的插入点来画偏心柱,操作步骤如下:

①切换柱构件 KZ2 并选择点式画法;

②按 F4 键即可调整柱的插入点;

③调整好插入点后,单击鼠标左键画柱。

(4)调整柱端头方向。

对于异形柱,在画柱时如果需要调整柱的端头方向,操作步骤如下:

①在框架柱构件管理对话框中新建参数化柱 KZ4;

②单击"定义网格"定义轴网;

③直接编辑柱截面(可采用画折线的方式进行编辑,单击"插入点"即可修改);

④单击"确定"按钮,退出编辑;

⑤修改 KZ4 的纵向钢筋和箍筋(异性截面的箍筋在"其他箍筋"处输入),切换 KZ4 并选择点式画法;

⑥按 F3 键即可调整柱的端头方向(按住 Shift 键,同时按 F3 键可以上下调整);

⑦调整好后,单击鼠标左键画柱。

技 能 提 升

(1)当工程中有"对称构件"时,可以采用"镜像"功能进行快速绘图,操作步骤如下:

①选择(常用拉框选)需要复制的构件图元;

②单击工具栏中的"镜像"按钮;

③按鼠标左键指定镜像的第一点(对称轴线上的任意一点),移动鼠标指定镜像的第二点,在弹出的对话框中选择"否"即可完成构件"镜像"(选择"是"则删除原来的构件图元),要取消镜像则单击鼠标右键。

使用"镜像"功能时,有时软件会提示"与同类构件位置重合,操作失败",单击"关闭"按钮即可,不会影响工程量的计算。

(2)利用"图元柱表"修改钢筋信息时,如果柱名称、截面信息均相同,软件会将柱楼层合并在一起,这时可以利用"分解楼层"功能进行楼层的分解,然后修改柱楼层的钢筋。

(3)在绘制基础层构件时,一定要注意在"构件属性编辑器"中对构件标高进行控制和修改。

(4)查改标注:当柱子偏心尺寸定义错误时,可以利用查改标注进行修改,不用删除重画,包括异形柱。

> 练习

根据图纸将首层框架柱全部画出,并复制到地下室,汇总计算后查看构件工程量统计表中的结果,理解量表的作用。

> 温馨提示

按键盘上的F12键,在相应显示构件名称前打钩,确定后即可显示。

1.3.2 梁工程量的计算

框架柱绘制好后,可以绘制以框架柱为支座的框架梁。

1. 梁的定义

(1)选择"导航树"中"梁"文件夹下的"梁"构件,将目标构件定位至首层梁,新建矩形梁,也可以新建异形梁(如花篮梁)、参数化梁,如图1-3-5所示。

图1-3-5 新建梁构件

（2）在属性列表中，按照图纸中的梁集中标注，将梁的名称、跨数、截面尺寸、钢筋信息等录入对应的位置，软件会根据梁的名称自动判断梁的类别，如图1-3-6和图1-3-7所示。

> **温馨提示**
> 如果定义普通梁（以L开头的梁），则此类别软件自动识别为"非框架梁"。
> 如果定义屋面框架梁（以WKL开头的梁），则此类别自动识别为"屋面框架梁"。
> 如果框架梁与非框架梁相交，有次梁加筋的情况，则需要先输入次梁宽度，次梁加筋的根数应为两边的根数之和。

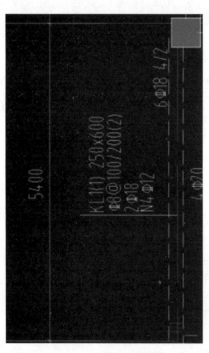

图1-3-6 梁集中标注

图1-3-7 梁属性定义

2. 梁的绘制

（1）利用上方菜单栏的"绘图"页签中的"直线"命令，先后点击梁的两个端点位置进行绘制，绘制完成后单击鼠标右键确认，如图1-3-8所示。

（2）绘制完KL1后，切换其他梁构件，以直线绘制的方式绘制首层全部梁图元，如图1-3-9所示。

（3）首层梁平面图中，部分梁边与柱边平齐，以KL11为例，演示在软件中的处理方式。选中KL11，点击上方菜单栏中的"对齐"命令，点击KL11要对齐的目标线，即柱边线，再点击KL11要移动的边线，单击鼠标右键确认，如图1-3-10所示。

项目1 广联达BIM土建计量平台GTJ2021软件应用

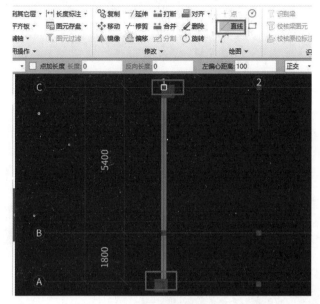

图 1-3-8 绘制梁

图 1-3-9 切换梁构件

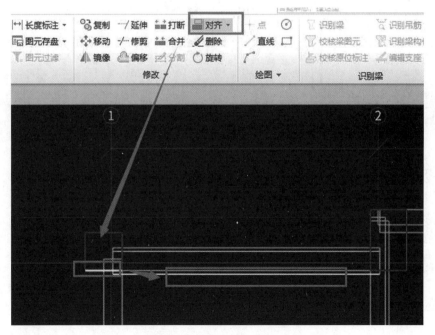

图 1-3-10 梁与柱边线对齐

> **练习**
>
> 根据图纸画出首层的梁。

3. 梁的原位标注

定义梁的时候,采用的梁集中标注,只包含梁的通长筋和箍筋,未设置梁支座处钢筋及跨中架立筋等钢筋,该部分钢筋须在梁的原位标注中进行设置。

(1)点击上方菜单栏"梁二次编辑"中的"原位标注"命令,可将光标放置到该命令上,观看操作动画,如图 1-3-11 所示。

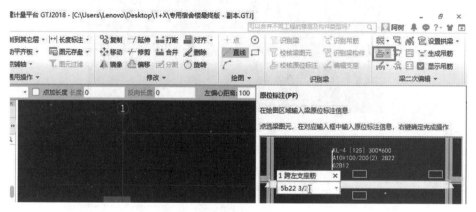

图 1-3-11 原位标注命令

(2)点击平面图上的任意一道梁,此处以 KL1 为例,点击后当前跨显示为黄色,点击支座位置输入原位标注,或在下方梁平法表格中输入钢筋信息、截面信息等,如图 1-3-12 所示。钢筋信息会显示在梁图相应位置上,方便进行检查。原位标注完成后,梁的颜色由原来的粉色变为绿色。

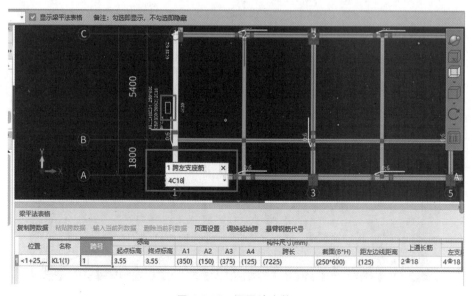

图 1-3-12 梁平法表格

4.修改梁

1)设置梁靠柱边和设置梁靠墙边

梁属于线性构件,可以用画直线、画折线的方式进行绘制。画完构件后如果梁有偏心距离,操作步骤如下。

(1)选择需要偏心的梁,如 KL1、KL2。

(2)单击工具栏中修改命令下的"对齐"按钮,选择"设置梁靠柱边"选项。

(3)按鼠标左键选择梁上的柱,然后指定梁和柱平齐的一侧,梁会自动进行偏移。

> **温馨提示**
>
> 　　如果梁与墙平齐,可以选择"设置梁靠墙边"来进行设置,操作同上;也可以在"构件属性编辑器"中直接修改"轴线距梁左边线距离"设置偏心梁。如果同一个楼层同一个位置的不同高度有梁,则可以用"分层梁"功能进行绘制。
>
> 　　为了提高工作效率,建议在绘制梁时采用反建构件的方法,操作步骤是先定义好一根梁,用该梁来画其他位置的梁,每画一根,根据图纸信息在"构件属性编辑器"中修改梁的属性。修改顺序为先修改截面,再修改名称,最后修改钢筋信息,即可快速地定义梁构件,也可提高准确性。

2)修改两端标高

在实际工程中,如果梁的标高低于或高于本层楼高度,可以利用"修改"按钮进行修改。修改标高时,梁的"起点标高"和"终点标高"填入同一数据,否则为斜梁。

3)修改梁跨

在输入梁钢筋信息时,有时梁的跨数与图纸标注不同,可以利用"跨设置"功能进行修改。

(1)单击工具栏中的"重新提取梁跨"按钮,选择需要修改的梁,软件将重新识别梁的跨数。

(2)通过"重新提取梁跨"后,如果发现梁的跨数比图纸标注多,选择梁图元,单击工具栏中的绘图按钮,选择"删除梁支座"选项,选择需要删除的梁支座点,单击鼠标右键确认,然后选择"是"即可删除多余的梁支座。

(3)如果发现梁的跨数比图纸标注少或支座设置错误,单击工具栏中的"设置支座"按钮,选择为支座的构件图元(柱或者与该梁相交的梁),单击鼠标右键确认,然后选择"是"即可增加梁的支座。

4)梁跨数据刷、梁跨格式刷、应用到同名梁、构件数据刷

在输入钢筋原位标注信息时,可以选择以下几种方式。

(1)方式一:梁跨数据刷。

此功能可以把梁钢筋信息从一跨复制到另一跨,操作步骤如下:

①选择梁图元,单击工具栏中的"梁跨数据刷"按钮;

②选择一跨梁的钢筋信息,然后选择需要复制的梁跨(可以多选),单击鼠标右键确定。

(2)方式二:梁跨格式刷。

此功能可以把一跨梁的钢筋信息复制到另外一跨,操作步骤如下:

①选择梁图元,单击工具栏中的"梁跨格式刷"按钮。

②选中一跨已经输完钢筋信息的梁,然后选择需要复制的梁跨(可以多选),单击鼠标。

(3)方式三:应用到同名梁。

输入完一跨梁的钢筋信息后,需要把该梁的钢筋信息应用到其他同名称的梁上时,操作步骤如下:

①选择已经输入完钢筋信息的梁图元,单击工具栏中的"应用到同名梁"按钮。

②在应用范围选择界面选择"所有同名称的梁"即可把钢筋信息应用到其他同名称的梁上。

(4)方式四:构件数据刷。

①选择已经输入完钢筋信息的梁图元,单击菜单栏中的"构件",选择"构件数据刷"选项。

②选择需要输入钢筋信息的梁图元(可以多选),单击鼠标左键确认。

③在提示信息界面单击"确定"按钮,要取消操作则单击鼠标右键。

5)单跨框架梁、多跨框架梁、悬臂梁、非框架梁的钢筋输入格式

(1)单跨框架梁(KL1)的输入格式注意:支座宽度的输入;次梁上有次梁,配置了吊筋(在输入时吊筋锚固值可根据受力位置不同进行调整)。

(2)多跨框架梁(KL2)的输入格式注意:支座宽度的输入;通长钢筋和支座负筋的输入。

(3)悬臂梁(KL12)的输入格式注意:支座宽度的输入;通长钢筋的输入格式;悬臂变截面的设置。

对于悬臂梁钢筋的输入格式,软件提供了5种钢筋型号供用户选择。

例如,图纸中悬臂梁钢筋为6B22 4/2,其中有两根为2♯钢筋,则在"跨中钢筋"处输入"2B22+2-2B22/2B22",表示第一排有两根贯通筋(软件默认为1♯)和两根2♯钢筋,第二排有两根钢筋。

(4)非框架梁(L-4)输入格式应符合规定。

6)圈梁

外墙240墙上布置外置外墙圈梁(WQL240×240),内墙布置内墙圈梁(NQL240×240)。布置方法同框架梁。

> **温馨提示**
> 在工程中,若圈梁拐角处需要设置斜拉筋和放射箍筋,则可以在定义圈梁时,对它的"其他属性"进行设置,输入方式同梁受力筋。

操作小技巧:从左向右拉框选择和从右向左拉框选择是不同的,对于前者,拖动框为实线,只有完全包含在框内的构件才被选中;对于后者,拖动框为虚线,框内及与拖动框相交的构件都被选中。如果想取消选择,可以单击鼠标右键,选择"取消选择"命令。如果只想取消选择已经选择的部分构件,则可以在构件上重复点一点。

1.3.3 板工程量的计算

1. 板的定义

选择"导航树"中"板"文件夹下的"板"构件,将目标构件定位至首层板,新建现浇板,按照图纸信息将板厚、标高等录入对应位置,如图1-3-13所示。

2. 板的绘制

(1)可利用上方菜单栏的"绘图"页签中的"点"命令,在封闭区域内的空白处点击,进行

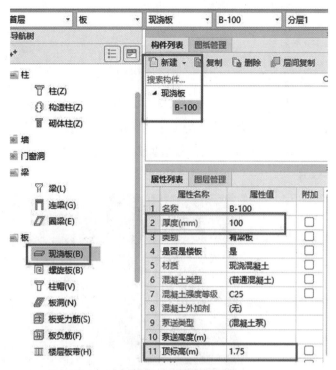

图 1-3-13 板属性定义

板的绘制，如图 1-3-14 所示。

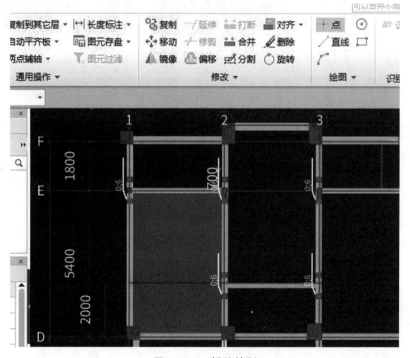

图 1-3-14 板的绘制

单击工具栏中的"自动生成板"按钮,软件将在封闭区域(墙、梁为边线)内生成板,无须用画点的方式逐块布置。

> **温馨提示**
>
> 当遇到不同板厚的楼面板时,可以选择数量最多的构件进行布置,然后利用"修改"功能或在"构件属性编辑器"中进行修改。如果同一个楼层同一个位置的不同高度有板,则可以用"分层板"功能进行绘制。

(2)对于7轴与9轴间标高与周围板不同的板,可选中需要修改标高的板,在属性中修改,如图1-3-15所示。

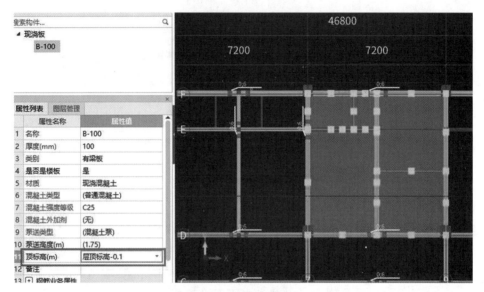

图 1-3-15 修改板标高

> **练习**
>
> 根据图纸将首层和地下室的顶板定义并画出。

3. 板受力筋的绘制

(1)以楼梯间下方的板为例,绘制板受力筋,X方向和Y方向底筋均为K8。在"导航树"中打开"板"文件夹,选择板受力筋构件,新建板受力筋,在属性中输入K8的类别及钢筋信息,如图1-3-16所示。

(2)点击上方菜单栏"板受力筋二次编辑"中的"布置受力筋",下方出现绘制受力筋时的辅助命令,左侧命令为布置的范围,中间命令为布置的方向,右侧命令为放射筋的布置,如图1-3-17所示。

(3)对于楼梯间下方的板,X方向和Y方向的底筋均为K8,故采用"单板""XY方向布置",选择好辅助命令后,在弹出的"智能布置"弹窗中,选择"双向布置",并将底筋选为K8,如图1-3-18所示。

(4)设置好受力筋属性后,点击需要布置受力筋的板,完成之后点击鼠标右键确认,如图1-3-19所示。

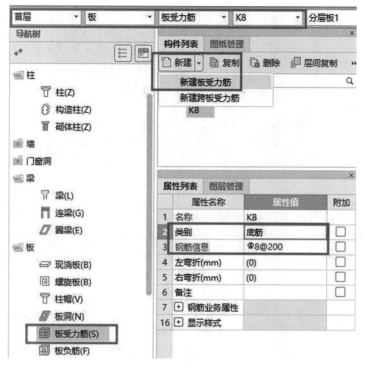

图 1-3-16 定义板受力筋

图 1-3-17 布置受力筋界面

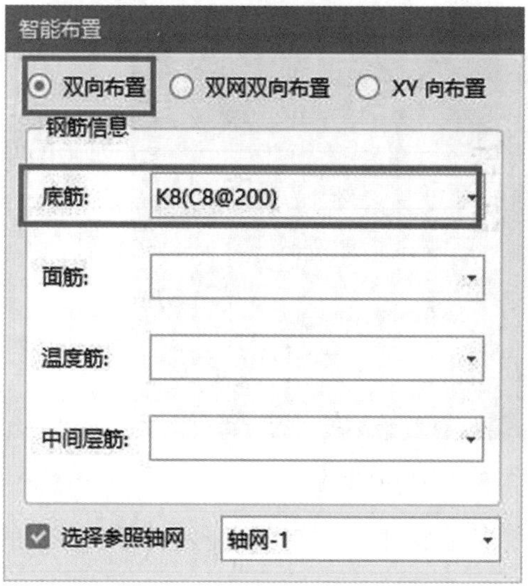

图 1-3-18 智能布置受力筋界面

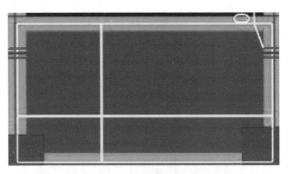

图 1-3-19　布置底筋后的板 1

> **温馨提示**
> 板受力钢筋分为底筋、中层筋、面筋和温度筋，其画法相同，请根据实际工程选择钢筋类型。
> 不同板中的受力筋布置相同时，可采用"钢筋复制"的方式快速布置受力筋，软件自动适应目标板的大小和形状。
> 当板的受力筋为双层双向时，可以利用"XY方向布置"功能布置受力筋。

（5）面筋的布置方式同底筋，该案例中受力筋还包括跨板受力筋，如图 1-3-20 所示。

在"导航树"中选择"板受力筋"，点击新建跨板受力筋，在属性中录入跨板受力筋的钢筋信息、左右出边距离，如图 1-3-21 所示。

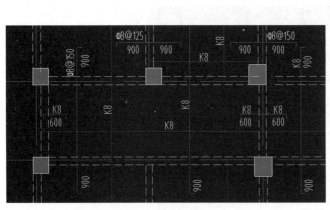

图 1-3-20　布置底筋后的板 2　　　　图 1-3-21　定义跨板受力筋

（6）布置跨板受力筋时，根据图纸中的钢筋方向，点击要布置的板，如图 1-3-22 所示。

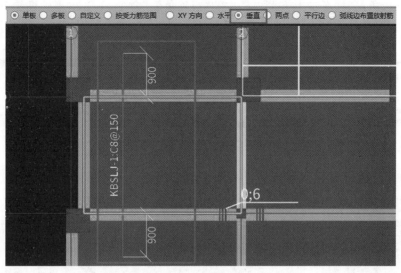

图 1-3-22 布置跨板受力筋

> **温馨提示**
> 布置完板受力筋后,可通过单击 查看布筋范围 按钮查看板受力筋的布置范围。

4.板负筋的绘制

以楼梯间下方的板为例,绘制板负筋。

(1)在"导航树"中打开"板"文件夹,选择"板负筋"构件,点击新建负筋,并将图纸中板负筋信息录入属性列表对应位置,如图 1-3-23 所示。

图 1-3-23 定义板负筋

(2)布置板负筋时,点击上方菜单栏中的"布置负筋"命令,下方出现辅助绘制命令,可根据实际布筋情况选择绘制方式,此处以"画线布置"为例,如图 1-3-24 所示。

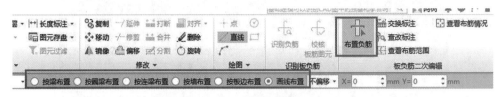

图 1-3-24　布置负筋方式

(3)以画线的方式确定板负筋布置范围的起点与终点,用鼠标左键确定负筋左标注方向,如图 1-3-25 所示。

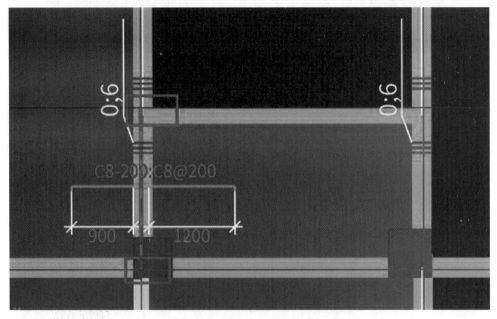

图 1-3-25　绘制负筋

我们也可以根据梁、墙或者板边线布置板负筋,方法如下:
①选择板负筋;
②单击工具栏中的"按梁布置""按墙布置""按板布置",点击鼠标左键选择需要布筋的梁;
③点击鼠标左键确定负筋左标注的方向,布置负筋。

> **温馨提示**
>
> 　　在布置过程中,负筋的左右标注在画图时标注反了,无须删除,可以单击工具栏中的 交换标注 按钮,选择板负筋交换负筋左右标注的位置;也可单击板负筋上的标注,在图元上进行直接修改。

5.板洞

1)画板洞

板上开洞的操作步骤如下:

①切换到板洞构件管理,新建矩形板洞 BD-1,长度为 800 mm,宽度为 800 mm;

②选择点式画法,在板上选择板洞所在位置画出板洞,或者通过"Shift+鼠标左键"精确布置。

2)洞口加强筋

按照钢筋计算规范或图纸要求,在洞口设置加强筋,操作步骤如下:

①在洞口加强筋列表中输入钢筋信息,单击"确定"按钮;

②单击工具栏中的"点"按钮;

③选择需要布置加强筋的洞口,打开洞口加强筋编辑器。

> 温馨提示

在软件中,没有设置洞口加强筋的洞口显示为红色,已经设置过的变为白色。若要检查洞口名称,则按"Shift+N"组合键。

6.定义斜板

(1)选择需要定义斜板的板图元,单击工具栏中的"定义斜板"按钮。

(2)按鼠标左键选择需要定义斜板的板图元。

(3)按鼠标左键选择斜板的基准边,打开编辑斜板的方式(输入坡度系数或选择抬起点)。

(4)如果选择"输入坡度系数",则填入斜板的坡度系数,斜板就定义完成了。如果选择抬起点,则点击鼠标左键选择斜板的抬起点。

(5)输入抬起点高度或基准边和抬起点的顶标高。

> 温馨提示

定义斜板后,斜板下面的梁、柱、墙会自动按照板的标高倾斜,也就是说梁会自动按斜长计算,柱会自动延伸到斜板底,墙会自动按斜墙计算。

可查看斜板两端的标高。

> 练习

根据图纸完成板内钢筋信息的输入及绘制。

1.3.4 独立基础工程量的计算

(1)定义构件。点击菜单栏中的"建模"选项卡,在"导航树"下选择"基础"文件夹,点击文件夹下的"独立基础"选项,单击鼠标右键,进入定义界面,如图 1-3-26 所示。在"构件列表"中,选择"新建"下拉菜单,单击"新建独立基础",在属性列表中,输入构件名称(DJJ06),完成新建独立基础,如图 1-3-27 所示。

(2)编辑属性。选中新建完成的独立基础 DJJ06,单击鼠标右键,选择"新建矩形独立基础单元",在属性列表中,输入名称、截面长度、截面宽度、高度及钢筋信息,完成 DJJ06 的底部单元 DJJ06-1 的属性编辑,如图 1-3-28 所示。输入完成后,单击鼠标右键继续重复上述操作,完成 DJJ06 的顶部单元 DJJ06-2 的属性编辑,如图 1-3-29 所示。

工程造价软件应用

图 1-3-26 进入定义界面

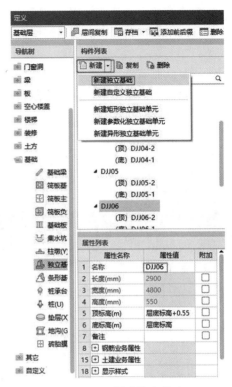

图 1-3-27 新建独立基础

图 1-3-28 DJJ06-1 的属性编辑

图 1-3-29 DJJ06-2 的属性编辑

(3)绘制构件。定义好构件后,切换至"建模"页面,将独立基础放置在与图纸一致的位置,如图 1-3-30 所示。

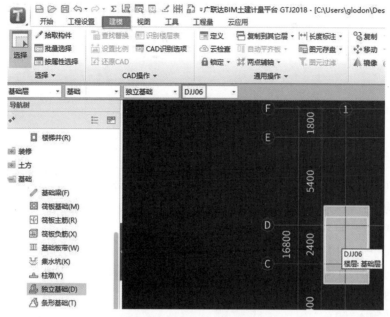

图 1-3-30　DJJ06 的构件绘制

> **温馨提示**
>
> "删除"功能:选中某个已经建立的构件后,单击该按钮,可以删除当前选中的构件;如果选中的构件是已经绘制的构件图元,那么该构件无法删除。
>
> "复制"功能:当遇到相似的构件时,除了新建构件外,还可以选中已经建好的构件,单击"复制"按钮,即可快速新建构件,然后选中复制出来的构件修改相应信息。
>
> 带小括号的为缺省属性,只有去掉小括号后改动数据才生效,如果想返回默认数值,则需删除当前数值后按"Enter"键。

> **温馨提示**
>
> 在软件中,鼠标有两种状态,即选择构件状态和绘图状态,可以直接用鼠标单击"选择"按钮或者单击鼠标右键进行切换。
>
> 若实际工程中独立基础存在偏心,则可在基础层中先画好偏心柱,通过智能布置中的按柱布置快速布置独立基础。
>
> 软件中的柱子会自动寻找基础底标高。

> **温馨提示**
>
> 画名称不同的构件时,一定要先选中构件名称再画构件;画线性构件时尽可能按照屏幕顺时针方向进行绘制,选择线性构件后单击鼠标右键,选择"显示线性图元方向"选项即可显示构件绘制的方向。

1.4 计算建筑工程量

1.4.1 剪力墙的绘制

1. 剪力墙的定义

在"墙"列表下选择"剪力墙"构件,点击新建外墙,材质及厚度信息见建筑设计说明,钢筋信息见结构设计说明,将图纸中的外墙信息录入属性列表对应位置。

2. 剪力墙的绘制

剪力墙属于线性构件,可以采用画直线、画折线等方法进行绘制。在实际工程中,经常会遇到短肢剪力墙,这时可以采用"点加长度"的方式进行绘制,操作步骤如下:

①选择剪力墙,单击工具栏中的"点加长度"按钮;
②选择并输入"90";
③单击轴网交点,打开"点加长度设置"对话框,输入短肢剪力墙的长度,单击"确定"。

使用相同方法可画出其他位置的剪力墙。

> **温馨提示**
>
> "点加长度"的原理也是几何中 XY 轴线的原理,长度可以用输入正值表示在选中点的右侧,则输入负值表示在选中点的左侧;在旋转位置输入"90"表示垂直方向;长度值也可以输入负值,表示在选中点的下方;画剪力墙也可以尝试用"正交偏移"来画。在软件中,"点加长度"也可不输入旋转角度而直接采用类似画线的方法,第一点表示起始点,第二点表示方位。

1.4.2 砌体墙工程量的计算

1. 砌体墙的定义

(1)在"导航树"中打开"墙"文件夹,选择"砌体墙"构件,点击"新建外墙",材质及厚度信息见建筑设计说明,钢筋信息见结构设计说明,将图纸中的外墙信息录入属性列表对应位置,如图 1-4-1 所示。

(2)砌体墙的材质及厚度信息见建筑设计说明,钢筋信息见结构设计说明,将图纸中的外墙信息录入属性列表对应位置,如图 1-4-2 所示。

(3)以同样的方式,新建内墙,并将内墙属性按照图纸要求进行定义,如图 1-4-3 所示。

图 1-4-1 砌体墙新建界面

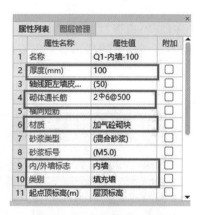

图 1-4-2　外墙属性定义界面　　图 1-4-3　内墙属性定义界面

2. 砌体墙的绘制

(1)点击上方菜单栏的"绘图"页签中的"直线"命令,以墙体两端点来确定直线绘制墙体,可连续绘制,最后一道墙绘制完成后,单击右键确认,如图 1-4-4 所示。

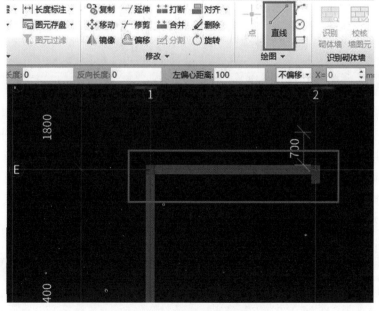

图 1-4-4　绘制砌体墙

（2）绘制完外墙后，将构件切换至内墙，以同样的方式进行内墙的绘制，如图1-4-5所示。

图 1-4-5　切换墙构件

（3）卫生间内隔墙与轴线间有1250 mm的偏移量，可以在点击"直线"绘制命令后，将下方辅助命令中的"不偏移"切换至"正交"，输入相对轴线交点的偏移距离（与坐标系方向相同为正，与坐标系方向相反为负），然后以直线绘制的方式进行墙体绘制，注意绘制时的端点选择，如图1-4-6所示。

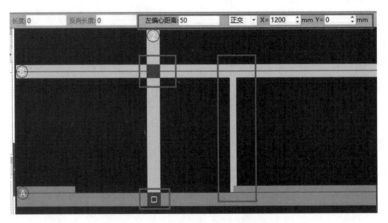

图 1-4-6　偏移绘制卫生间隔墙

> **温馨提示**
>
> 在"智能布置"菜单中有很多选项，可以尝试选择按"轴线"等其他布置方法，并对比它们的区别；通常情况下，可以选择与该构件相关的方法进行布置。

砌体加筋的设置步骤如下：

①在"导航树"中单击"墙"选择"砌体加筋"，然后单击工具栏中的"定义构件"按钮，进入"构件管理"对话框；

②单击"新建"菜单下的"新建砌体加筋"，弹出"选择参数化图元"对话框，在"参数化截面类型"中选择"L字形"（如图所示），在具体的图元中选中"L字-4形"，选择默认参数；

③在1、D轴的交点的柱子上单击鼠标左键，砌体加筋就布置上去了。

其他部位可按上面的方法依次布置。

> **练习**
>
> （1）根据图纸画出首层的墙。
> （2）查看报表中的构件做法汇总表。

技能提升

(1) 标高。在软件中，墙的标高不只是具体的数值，还和与它相关构件的位置有关，如底板顶标高。在这种情况下，构件的标高就可以随着相关构件的标高变化而变化，从而处理很多复杂的结构，比如坡道墙中墙的底标高随底板的标高变化而变化。

(2) 批量修改轴线。在这个工程中，有些部位的轴线是没有用的，显示出轴线反而感觉乱，现在可以用"批量修改轴线"来删除一块区域内的轴线。

(3) 保温墙（东北地区）。寒冷的地区有可能会出现双层或多层墙体，这时可以使用保温墙构件来处理。

1.4.3 门窗工程量的计算

1. 门的定义与绘制

(1) 打开"导航树"中"门窗洞"文件夹中的"门"构件，点击"新建矩形门"，如图1-4-7所示。

图1-4-7 新建矩形门

(2) 在建筑图纸建施-09中，找到门窗表信息，按照门窗表信息定义门的洞口截面信息，如图1-4-8所示。

(3) 定义完门构件后，利用上方菜单栏中的"点"绘制的命令，将光标移动到要布置门的墙体上，出现可输入偏移距离的动态格子，输入门边线与墙边线的偏移距离，按回车键，如图1-4-9所示。

2. 窗的定义与绘制

(1) 打开"导航树"中的"门窗洞"文件夹中的"门"构件，点击"新建矩形窗"，如图1-4-10所示。

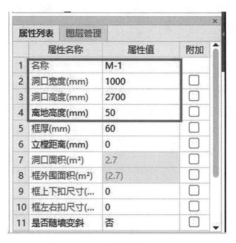

图 1-4-8　门属性定义界面

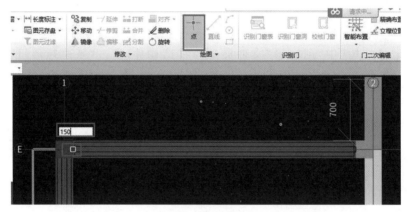

图 1-4-9　门的绘制

图 1-4-10　新建矩形窗

(2)在建筑图纸建施-09中,找到门窗表信息,按照门窗表信息定义窗的洞口截面信息,按照建施-06、建施-07中立面图确定窗的离地高度信息,进行窗的属性定义,如图1-4-11所示。

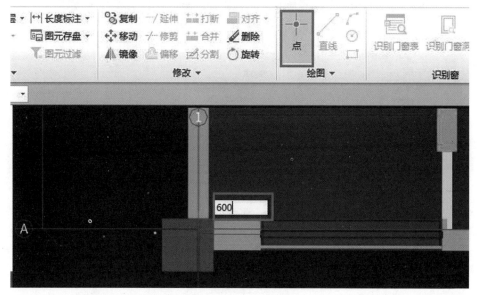

图1-4-11 窗属性定义界面

(3)定义完窗构件后,利用上方菜单栏中的"点"绘制的命令,将光标移动到要布置窗的墙体上,出现可输入偏移距离的动态格子,输入窗边线与墙边线的偏移距离,按回车键,如图1-4-12所示。

图1-4-12 窗的绘制

 练习

根据图纸画出首层门窗。

技 能 提 升

在实际工程中,过梁都是和门窗洞口一起出现的,为了画图更快捷,可以利用"依附构件"的功能将过梁和门窗依附在一起,在图上画门窗的时候过梁自动跟着画上去,提高效率。

1.4.4 装修工程量的计算

该工程的室内装修主要包括楼地面、踢脚线、墙面、天棚等部分,具体做法参见图纸设计说明中的室内装修做法表;

(1)楼地面的构件定义。点击菜单栏中的"建模"选项卡,在"导航树"中选择"装修"文件夹,点击文件夹中的"楼地面"选项,单击鼠标右键,进入定义界面,在"构件列表"中选择"新建"下拉菜单,单击"新建楼地面",在属性列表中输入名称、块料厚度等系列属性数据,完成新建楼地面的构件定义,如图1-4-13所示。

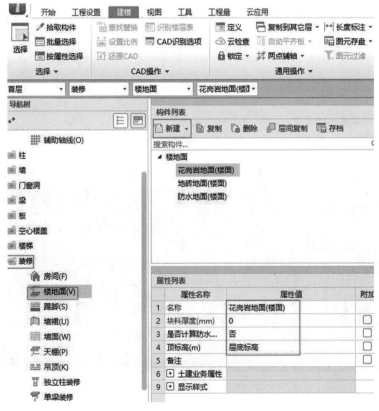

图1-4-13 楼地面的构件定义

(2)踢脚线的构件定义。点击菜单栏中的"建模"选项卡,在"导航树"中选择"装修"文件夹,点击文件夹中的"踢脚线"选项,单击鼠标右键,进入定义界面,在"构件列表"中选择"新建"下拉菜单,单击"新建踢脚线",在属性列表中输入名称、高度、起点底标高、终点底标高等系列属性数据,完成新建踢脚线的构件定义,如图 1-4-14 所示。

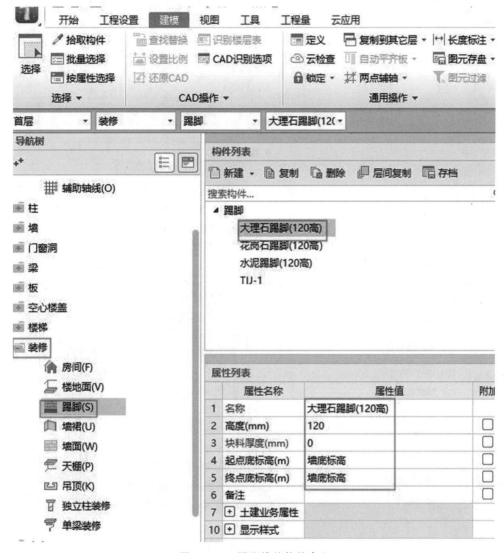

图 1-4-14 踢脚线的构件定义

(3)墙面的构件定义。点击菜单栏中的"建模"选项卡,在"导航树"中选择"装修"文件夹,点击文件夹中的"墙面"选项,单击鼠标右键,进入定义界面。在"构件列表"中选择"新建"下拉菜单,单击"新建内墙面",在属性列表中输入名称、块料厚度、起点顶标高、起点底标高、终点顶标高、终点底标高等系列属性数据,完成新建墙面的构件定义,如图 1-4-15 所示。

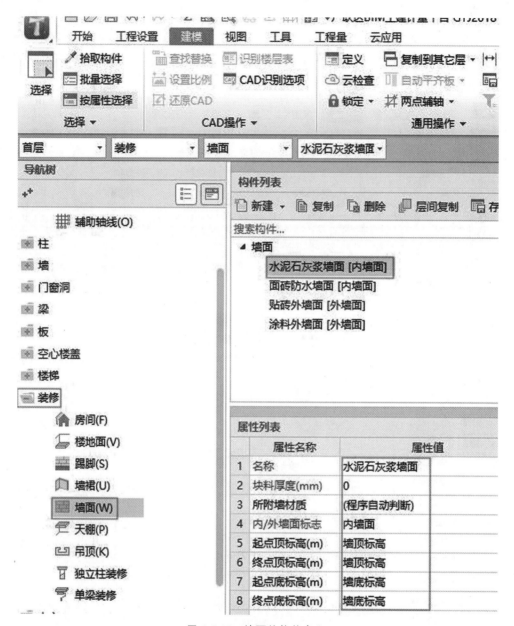

图 1-4-15　墙面的构件定义

（4）天棚的构件定义。点击菜单栏中的"建模"选项卡，在"导航树"中选择"装修"文件夹，点击文件夹中的"天棚"选项，单击鼠标右键，进入定义界面，在"构件列表"中选择"新建"下拉菜单，单击"新建天棚"，在属性列表中输入构件的属性数据，完成新建天棚的构件定义，如图 1-4-16 所示。

（5）在建模界面点击"房间"—"新建房间"，如图 1-4-17 所示。

图 1-4-16　天棚的构件定义

图 1-4-17　新建房间

(6)双击"房间"中的"门厅",进入房间定义界面,通过"添加依附构件",添加房间中的楼地面、踢脚线、墙面、天棚,如图 1-4-18 所示。

图 1-4-18　添加依附构件

(7)进入绘图界面,使用"点"功能进行门厅布置,如图 1-4-19 所示。

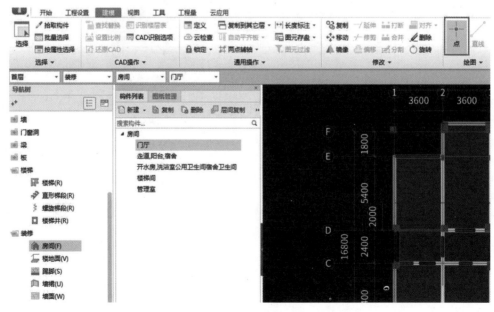

图 1-4-19　房间绘制

> **练习**
>
> 根据图纸完成首层房间的定义和绘制。

技能提升

（1）房间按材质自动定位及算量。实际工程中，一个房间的墙可能是不同材质的，需要做不同的装修做法，在房间中如果依附不同的装修做法时，软件能自动分析墙的材质从而附着不同的装修做法。

（2）房间计算分两种量：分材质、不分材质。当砖墙或砌块墙上存在混凝土柱时，软件可以提供墙面装修分材质的代码，让算量更精确。

（3）独立柱的装修，房间依附处理。房间独立柱的装修需要定义独立柱装修构件，画到柱上，也可以将独立柱装修依附到房间，让软件自动找房间中的独立柱。

1.4.5 土方工程量的计算

该工程为独立基础，在生成土方时应生成基坑土方。点击菜单栏中的"建模"选项卡，在"导航树"中选择"基础"文件夹，点击"独立基础二次编辑"选项，选择"生成土方"，如图 1-4-20 所示，进行基础数据设置，点击"确定"自动生成土方。

图 1-4-20 独立基础土方的自动生成

> **练习**
>
> 根据图纸完成筏板基础、独立基础、垫层、大开挖土方的定义和绘制。

技能提升

（1）筏基边坡。在实际工程中，筏板基础的边缘处多数为带倾斜边或者变截面，此功能可以定义筏板边坡的特殊形式，更好地满足实际工程需求。

（2）条形基础。条形基础也是常遇到的构件，条形基础定义的方法和独立基础类似，画图的方法就是线性构件的画法。

（3）设置边坡系数。在实际工程中，土方各边的放坡系数可能是不同的，此时可以利用设置边坡系数来针对各边放坡的实际情况进行调整。此功能可用于设置土方（大开挖、基坑）及灰土回填（大开挖土回填、基坑灰土回填）各边放坡系数。

1.4.6 散水工程量的计算

该工程的散水为C15混凝土面层，沿外墙外边线布置。

（1）定义构件。点击菜单栏中的"建模"选项卡，在"导航树"中选择"其它"文件夹，点击文件夹中的"散水"选项，单击鼠标右键，进入定义界面，如图1-4-21所示。在"构件列表"中选择"新建"下拉菜单，单击"新建散水"，在属性列表中输入名称、厚度、材质等系列属性数据，完成新建散水的构件定义，如图1-4-22所示。

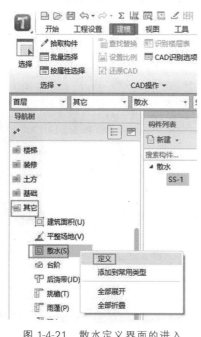

图1-4-21 散水定义界面的进入

图1-4-22 散水属性编辑

（2）绘制构件。定义好构件后，切换至"建模"页面，选择"智能布置"按钮，点选"按外墙外边线智能布置"，用鼠标左键拉框选择图元，单击右键确认，自动生成散水，如图1-4-23所示。

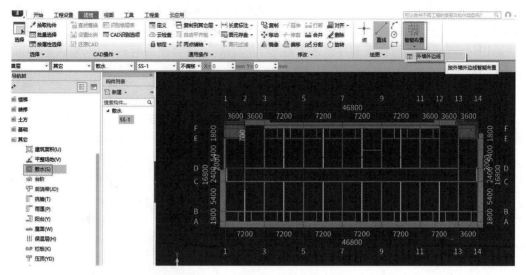

图 1-4-23 散水的绘制

1.4.7 台阶工程量的计算

该工程的台阶为 C15 混凝土台阶,共三级,每个踏步高 150 mm,宽 300 mm。

(1)定义构件。点击菜单栏中的"建模"选项卡,在"导航树"中选择"其它"文件夹,点击文件夹中的"台阶"选项,单击鼠标右键,进入定义界面,如图 1-4-24 所示。在"构件列表"中,选择"新建"下拉菜单,单击"新建台阶",在属性列表中输入名称、台阶高度、材质等系列属性数据,完成新建台阶的构件定义,如图 1-4-25 所示。

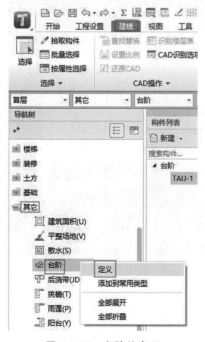

图 1-4-24 台阶的定义

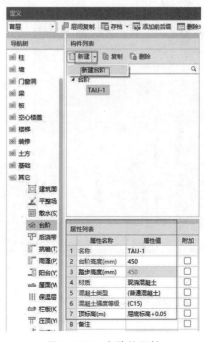

图 1-4-25 台阶的属性

(2)添加辅助轴线。绘制台阶前,先以 F 轴为基准,创建辅助轴线。在"导航树"中选择"轴线"文件夹,点击选择"辅助轴线",再选择"平行轴线"——"平行辅轴",如图 1-4-26 所示。进入绘图区,用鼠标左键选择基准轴线 F 轴,高亮显示后,在弹出的对话框中,输入偏移距离(1300),点击"确定",生成辅助轴线,如图 1-4-27 所示。

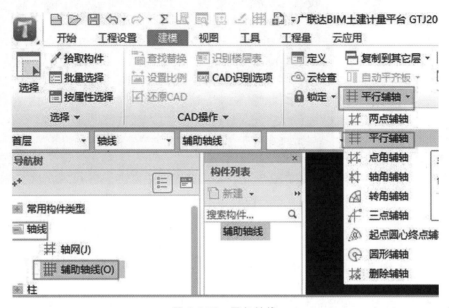

图 1-4-26　平行轴线

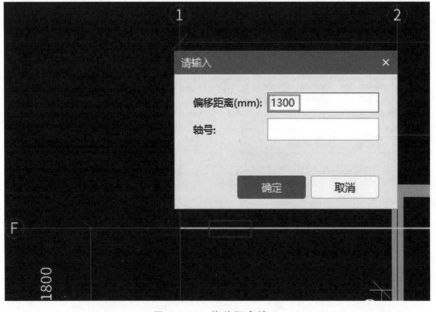

图 1-4-27　偏移距离输入

(3)绘制构件。在绘图界面选择"台阶",在"绘图"页签中选择"矩形"绘制方式,选中台阶绘制范围的第一点,再选择对角线方向的第二点,即可生成台阶构件,如图 1-4-28 所示。

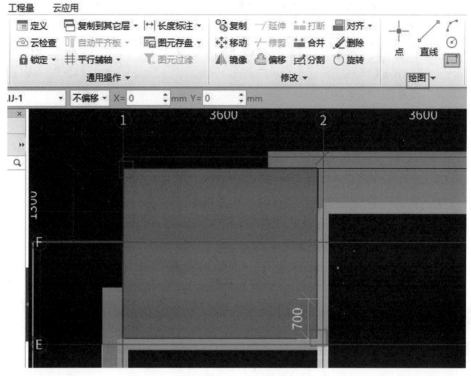

图 1-4-28 绘制台阶

(4) 设置踏步边。在绘图界面选择"台阶二次编辑"中的"设置踏步边",点击鼠标左键,在已绘制好的台阶范围内选择要形成踏步边的一侧,单击鼠标右键确认后,弹出"设置踏步边"对话框,输入踏步个数、踏步宽度等属性参数,如图 1-4-29 所示。点击"确定",完成台阶踏步边的绘制,如图 1-4-30 所示。

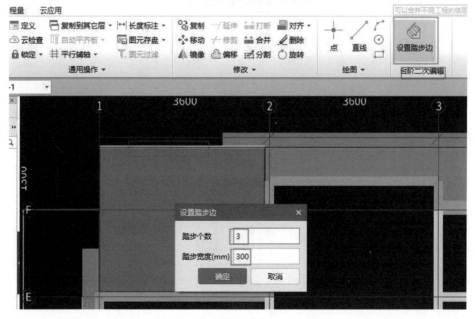

图 1-4-29 台阶踏步边属性设置

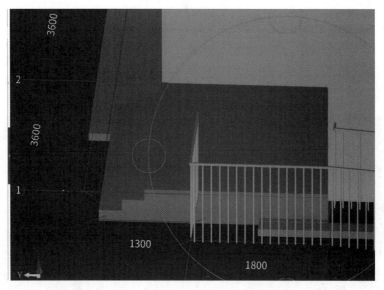

图 1-4-30　踏步边绘制完成后的效果

1.4.8　坡道工程量的计算

该工程的室外无障碍坡道为混凝土材质,坡度为 0.6,可利用创建平板的命令进行绘制。

(1)定义构件。点击菜单栏中的"建模"选项卡,在"导航树"中选择"板"文件夹,点击文件夹中的"现浇板"选项,单击鼠标右键,进入定义界面,在"构件列表"中选择"新建"下拉菜单,单击"新建现浇板",在属性列表中输入名称、厚度、类别、材质等系列属性数据,完成新建无障碍坡道的构件定义,如图 1-4-31 所示。

图 1-4-31　无障碍坡道的构件定义

(2)绘制构件。参照前面介绍的平板绘制方法设置辅助轴线后,选择"绘图"页签中的矩形绘制方法,选中坡道绘制范围内的第一点,再选择对角线方向的第二点,即可生成坡道构件,如图1-4-32所示。

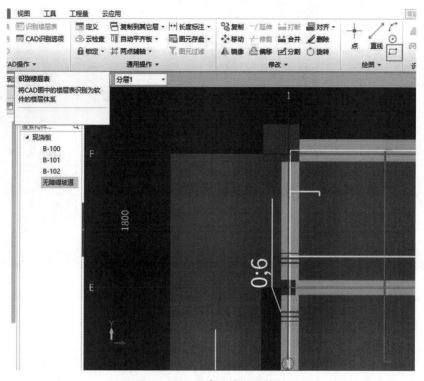

图 1-4-32　无障碍坡道的绘制

(3)设置坡道的坡度。在绘图区域选中需要设置坡度的坡道,高亮后,在"现浇板二次编辑"命令中,选择"坡度变斜"方法,如图1-4-33所示。将鼠标移至绘图区,选择要设置坡度的边线,在弹出的"坡度系数定义斜板"命令中,输入坡度系数等属性数值,点击"确定",完成坡道的坡度设置,如图1-4-34所示。

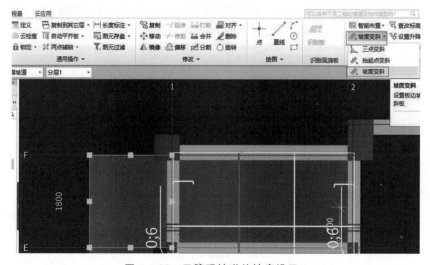

图 1-4-33　无障碍坡道的坡度设置 1

图 1-4-34　无障碍坡道的坡度设置 2

1.4.9　套取做法

模型建立完成后,所有构件必须套取做法,进行清单、定额的套取,输出对应的工程量。

双击柱构件,弹出定义界面,切换至"构件做法"页签,点击添加清单,通过"查询清单库或查询匹配清单"进行清单选择,通过"查询定额库和查询匹配定额"进行定额套取,如图 1-4-35 所示。

1-4-35　套取清单定额

其他构件的做法同柱构件操作方法。

1.5 输出工程量

完成工程模型,需要查看构件工程量时要进行汇总计算。

(1)在菜单栏中点击"工程量"—"汇总计算",弹出"汇总计算"提示框,选择需要汇总的楼层、构件、汇总项,点击"确定"按钮进行汇总计算,如图 1-5-1 所示。

图 1-5-1　汇总计算

(2)汇总结束后弹出计算汇总成功界面,如图 1-5-2 所示。

图 1-5-2　完成汇总计算

1.6 智能检查

1.6.1 云检查

整个工程都完成了模型绘制工作,即将进入整个工程的工程量汇总工作,为了保证算量结果的正确性,对整个楼层进行检查,从而发现工程中存在的问题,方便进行修正。

(1)点击"建模"模块下的"云检查"功能,在弹窗中,点击"整楼检查",如图1-6-1所示。

图 1-6-1　云模型检查

(2)开始检查后,软件自动根据内置的检查规则进行检查,如图1-6-2所示。

图 1-6-2　整楼检查

(3)检查的结果,在"云检查结果"弹窗中呈现,如图1-6-3所示。

图1-6-3 云检查

1.6.2 云指标

(1)在设计阶段,建设方为了控制工程造价,会对设计院提出工程量指标最大值的要求,即限额设计。设计人员要保证最终设计方案的工程量指标不能超过建设方的规定要求。

(2)施工方会积累自己所做工程的工程量指标和造价指标,以便在建设方招标图纸不细致的情况下,仍可以准确投标。

(3)咨询单位会积累所参与工程的工程量指标和造价指标,以便在项目设计阶段为建设方提供更好的服务,如审核设计院图纸,帮助建设方找出最经济合理的设计方案等。

软件包含1张汇总表和钢筋、混凝土、模板、其他等不同维度的8张指标表,分别是工程指标汇总表、钢筋-部位楼层指标表、钢筋-构件类型楼层指标表、混凝土-部位楼层指标表、混凝土-构件类型楼层指标表、混凝土-单方混凝土标号指标表、模板-部位楼层指标表、模板-构件类型楼层指标表、其他-砌体指标表,如图1-6-4所示。

图 1-6-4　云指标

1.6.3　云对比

为了解决在对量过程中查找难、遗漏项的问题,软件根据空间位置建立对比关系,快速实现楼层、构件、图元工程量对比,智能分析量差产生的原因。

(1)在"开始"菜单的新建工程界面,点击"云对比",如图 1-6-5 所示。

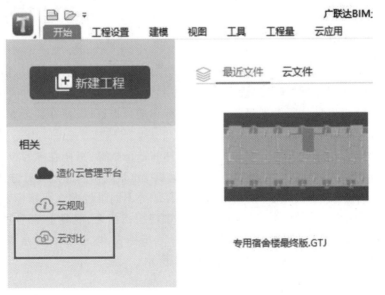

图 1-6-5　云对比

(2)上传需要对比的主审工程和送审工程,选择需要对比的范围(钢筋对比、土建对比),如图 1-6-6 所示。

图 1-6-6　主审工程和送审工程选择

1.7　输出报表

工程汇总检查完成后,可对整个工程进行工程量及报表的输出,可统一选择设置需要查看报表的楼层和构件,包括"绘图输入"和"表格输入"两部分工程量,可通过查看报表进行工程量查看,如图 1-7-1 所示。

图 1-7-1　查看报表

可分别查看钢筋相关工程量及报表,也可查看土建相关工程量及报表,如图 1-7-2 和图 1-7-3 所示。

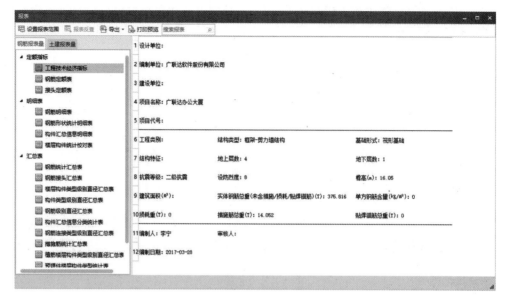

图 1-7-2 钢筋报表量和土建报表量

图 1-7-3 清单汇总量

项目 2 广联达云计价平台GCCP5.0软件应用

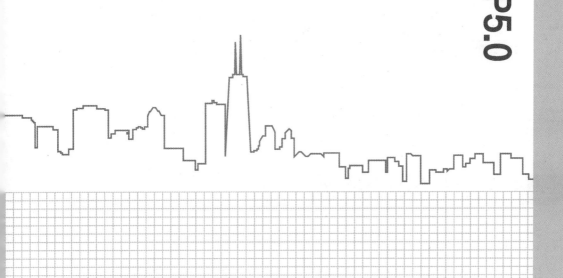

2.1　概述

广联达云计价平台 GCCP5.0 是以"云"（云应用、云数据）+"端"（PC+移动）的形式，为计价客户群提供概算、预算、竣工结算阶段的数据编审、积累、分析和挖掘再利用的平台，可贯穿工程全生命周期，实现各阶段数据零损耗流转，极大提高工作效率，还可通过手机端实时查阅，轻松便捷，如图 2-1-1 所示。

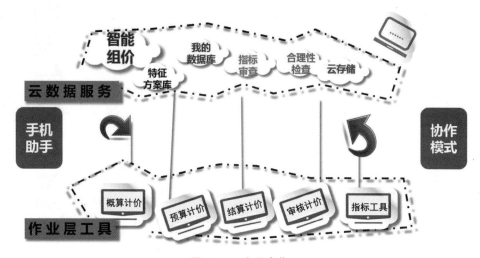

图 2-1-1　产品定位

2.2　云计价平台介绍

1. 登录

打开云计价平台的方法有两种。第一种方法是在计算机的开始中找到广联达云计价平台程序，单击鼠标左键打开，如图 2-2-1 所示。

第二种方法是在电脑桌面找到广联达云计价平台图标，双击鼠标左键打开。打开软件后的界面如图 2-2-2 所示。

"登录"界面是进入云计价平台的入口，软件自动检测加密锁类型及锁是否授权成功，如图 2-2-3 所示。

项目2 广联达云计价平台GCCP5.0软件应用

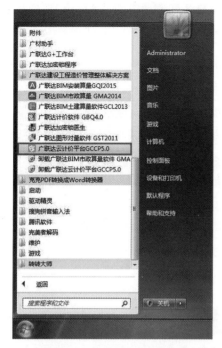

图 2-2-1 打开"云计价平台"

图 2-2-2 打开软件后的界面

图 2-2-3 输入账号、密码登录

1）在线登录

输入已经与企业广联云账号关联的广联云用户名和密码，点击"登录"，进入主界面。广联云是广联达所有咨询平台和服务网站的统称，如服务新干线、G+工作平台、手机造价课堂、广材网、指标网站、哒哒客服等。一个账号可以使用广联达所有产品。如果没有注册过这些平台或网站，可点击右侧的"注册账号"进行注册。

若关联云账号还未与企业广联云账号关联,输入用户名和密码并点击"登录"按钮后会弹出提示,询问此账号是否加入企业(见图2-2-4);点击"加入"按钮,弹出管理员登录窗口(见图2-2-5),输入管理员密码后,点击"登录",直接进入主界面;点击"使用其他账号登录"则返回登录界面。

2)离线登录

在未联网时,双击软件图标,打开登录界面,此时弹出登录界面,提示检测不到加密锁归属企业,不需要填写用户名和密码,直接点击"离线使用"按钮,进入主界面。

图 2-2-4 "加入企业"弹窗

图 2-2-5 输入密码

2. 平台介绍

1)平台业务介绍

云计价平台是一个集成多种应用功能的平台,可进行文件管理,能支持用户与用户之间、用户与产品研发人员之间的沟通。云计价平台包含个人模式和协作模式,能对业务进行整合,支持概算、预算、结算、审核业务,建立统一入口,使各阶段的数据自由流转。

2）平台划分

云计价平台主界面主要划分成三个区域，即一级导航区、文件管理区和辅助功能区，如图 2-2-6 所示。

图 2-2-6　平台划分

3）界面功能介绍

（1）一级导航区。

一级导航区包含工作模式的转换，分为"个人模式"和"协作模式"；包含账号信息和消息中心；右上角包含反馈和帮助。

一级导航区如图 2-2-7 所示。

图 2-2-7　一级导航区

（2）文件管理区。

文件管理区通过以下几种方式对文件进行管理，如图 2-2-8 所示。

图 2-2-8　文件管理区

新建文件可以新建概算项目、招投标项目、结算项目、审核项目，如图 2-2-9 所示。

图 2-2-9　新建文件

最近文件显示最近编辑过的预算书文件，直接双击文件名可以打开文件，如图 2-2-10 所示。

图 2-2-10　最近文件

云文件是一个在线云存储空间，分为"企业空间"和"我的空间"，打开该空间的文件可以直接编辑保存，如图 2-2-11 所示。

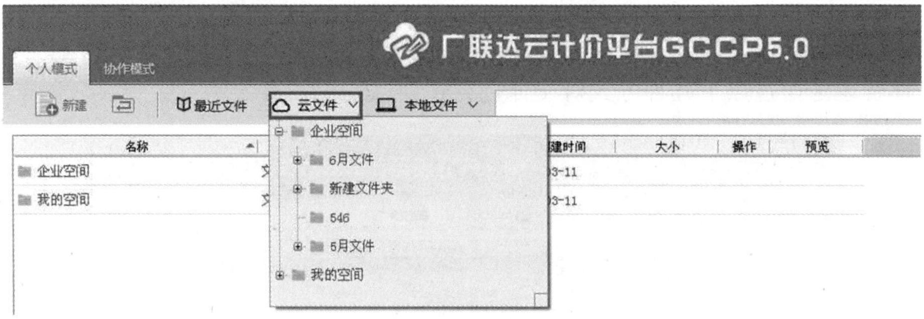

图 2-2-11　云文件

本地文件提供用户存放及打开文件的路径，如图 2-2-12 所示。系统默认工作目录是 C:\Documents and Settings\Administrator\桌面。

图 2-2-12 本地文件

要查看平台中的工程文件中的造价不用打开文件,可点击"预览"快速查看相关费用,如图 2-2-13 和图 2-2-14 所示。

图 2-2-13 点击预览

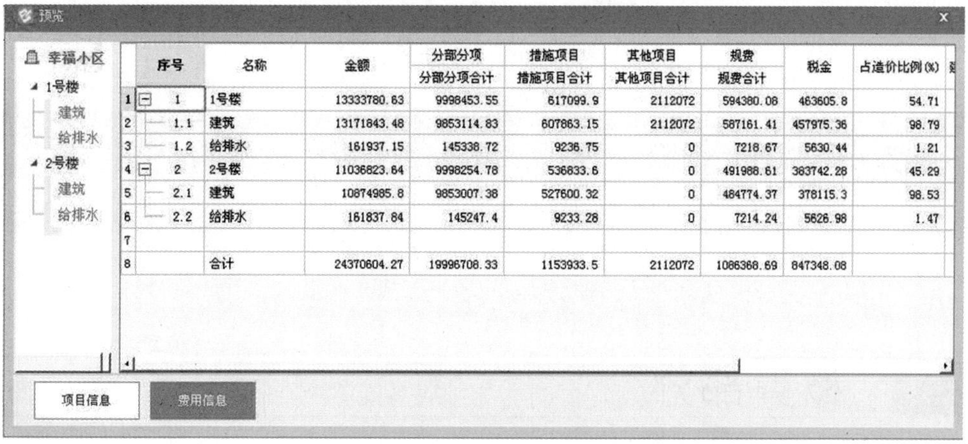

图 2-2-14 预览 1 号楼

在平台中选中工程文件,单击鼠标右键,可见打开、删除等功能,如图 2-2-15 所示。

图 2-2-15　打开、删除等功能

（3）辅助功能区。

辅助功能区包含工作空间和微社区，如图 2-2-16 所示。

工作空间包含工具和日程管理。

图 2-2-16　辅助功能区

> **练习**
>
> 完成账号登录。

2.3　概算部分

本节为大家制订了三项学习目标，希望通过学习让大家了解概算业务的基础知识，掌握软件是如何处理概算业务的，能够独立使用软件编制概算工程文件，如图 2-3-1 所示。讲解内容分为概算业务和软件操作两部分。

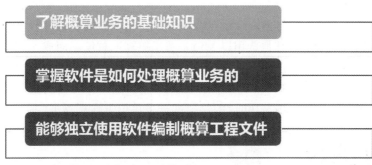

图 2-3-1 概算部分的学习目标

2.3.1 概算业务的基础知识

概算业务的基础知识包括概算的定义、概算的分级与分类、工程概算书编制参考依据以及工程概算书的作用,如图 2-3-2 所示。

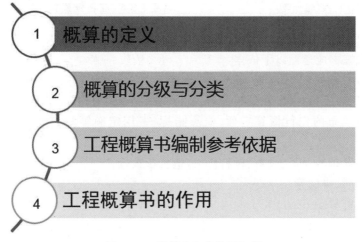

图 2-3-2 概算业务的基础知识

1. 概算的定义

工程概算书是在初步设计或扩大初步设计阶段,由设计单位根据初步设计或扩大初步设计图纸、概算定额、指标、工程量计算规则、材料、设备的预算单价,建设主管部门颁发的有关费用定额或取费标准等资料,预先计算工程从筹建至竣工验收交付使用全过程建设费用的经济文件,即计算建设工程总费用。

2. 概算的分级与分类

概算可分为单位工程概算、单项工程综合概算、建设工程总概算,如图 2-3-3 所示。

(1)单位工程概算往往包括多个专业的建设内容,我们需要编制所有有关专业的工程概算。

(2)单项工程综合概算是确定单项工程所需建设费用的文件,由各单位工程概算汇编而成。当不编制建设工程总概算时,单项工程综合概算除应包括各单位工程概算外,还应列出工程建设其他费用概算。

（3）建设工程总概算是确定整个建设工程从立项到竣工验收所需建设费用的文件，由各单项工程综合概算、工程建设其他费用以及预备费用概算汇总编制而成。

一份完整的工程概算书应该包含三个部分，如图 2-3-4 所示。第一部分是编制说明，需要详细描述工程概况、编制依据、编制方法、其他必要说明事项、三材用量表等信息；第二部分是概算表，包含概算中的各项费用合计；第三部分是单位工程概算书。

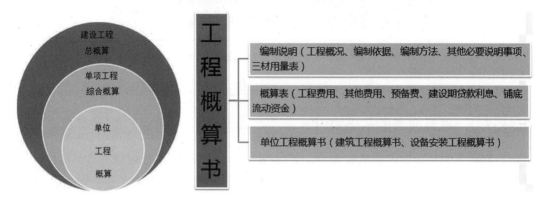

图 2-3-3　概算的分级与分类　　　　图 2-3-4　工程概算书的内容

3. 工程概算书编制参考依据

编制工程概算书应遵循以下依据：

①国家发布的有关法律、法规、规章、规程等；

②批准的可行性研究报告及投资估算、设计图纸等有关资料；

③有关部门颁布的先行概算定额、概算指标、费用定额等和建设工程设计概算编制办法；

④有关部门发布的人工、设备、材料价格，造价指数等；

⑤有关的合同、协议等；

⑥其他有关资料。

4. 工程概算书的作用

工程概算书有以下作用：

①是国家确定和控制基本建设总投资的依据；

②是确定工程投资的最高限额；

③是工程承包、招标的依据；

④是核定贷款额度的依据；

⑤是考核分析设计方案经济合理性的依据。

工程概算书对于工程的总投资控制有指导性的作用，是国家确定和控制基本建设总投资的依据，用于确定工程投资的最高限额，是工程承包、招标，核定贷款额度，考核分析设计方案经济合理性的依据。

2.3.2　概算业务在软件中的处理

了解完概算业务的基础知识之后，我们开始学习这些概算业务在软件中如何操作。在这个部分,我们将按照概算文件的费用组成情况分 6 个小节进行讲解,分别介绍新建工程、编制建安费、编制设备购置费、编制建设其他费、编制调整概算以及概算小助手的操作,如图 2-3-5 所示。

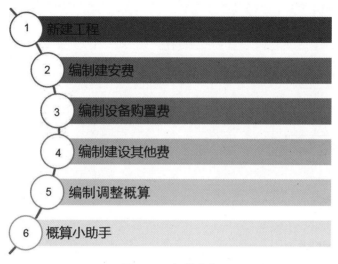

图 2-3-5　概算业务

1. 新建工程

(1) 在云计价平台界面点击"新建",选择"新建概算项目",如图 2-3-6 所示。

图 2-3-6　新建概算项目

(2) 新建工程后会弹出新建工程对话框,在地区选择单元格选择工程所属地区(以陕西省为例),点击"新建项目",如图 2-3-7 所示。

图 2-3-7　选择工程所属地区

（3）根据工程信息输入项目名称、项目编码，再选择定额标准（陕西省目前只有 2010 概算定额），点击"下一步"，如图 2-3-8 所示。

图 2-3-8　输入工程信息

（4）点击"新建单项工程"，如图 2-3-9 所示。

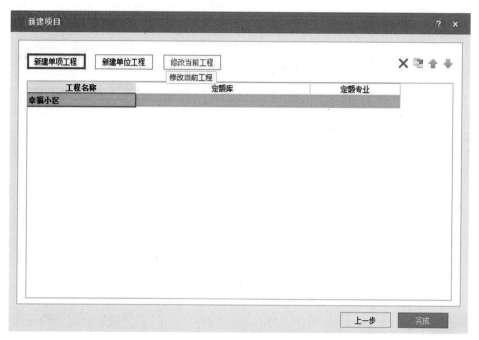

图 2-3-9　新建单项工程

(5)在弹出的对话框中输入单项名称、单项数量,点击"确定",如图 2-3-10 所示。

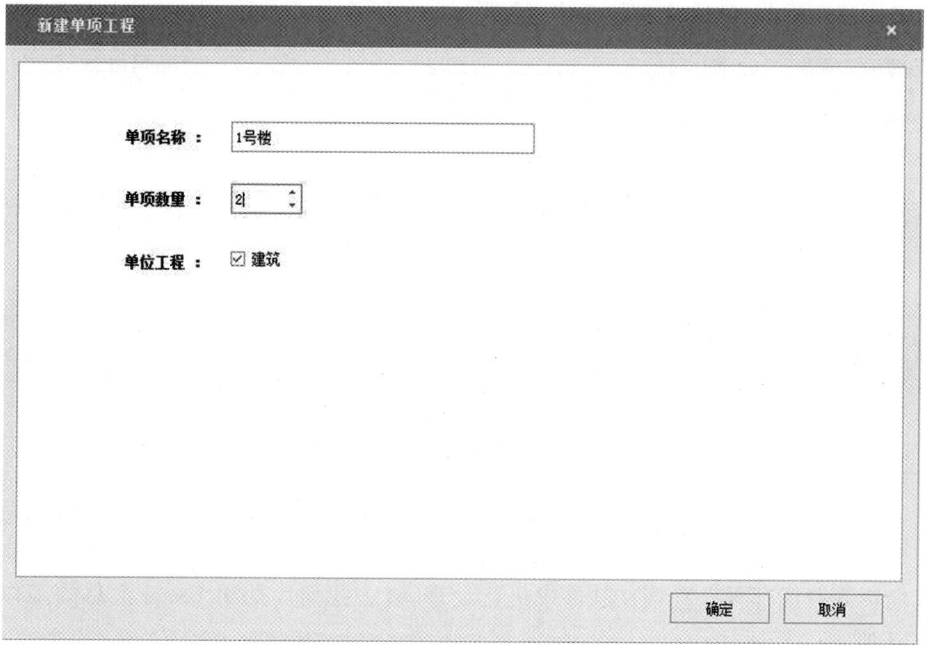

图 2-3-10　输入单项工程信息

这时,软件会按照输入的信息自动建立三级管理模式,对新建好的单项工程和单位工程进行修改,点击"完成",如图 2-3-11 所示。

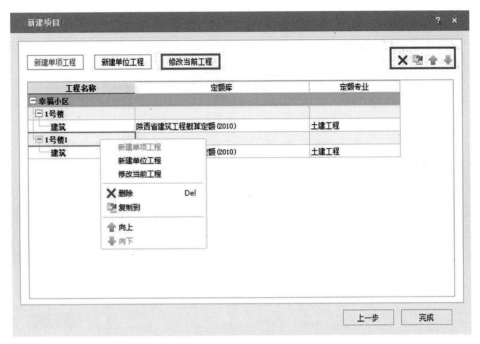

图 2-3-11 修改当前工程

（6）进入概算的项目管理界面，选中单项工程或单位工程，单击鼠标右键同样可以对三级项目架构进行修改，完成工程的新建，如图 2-3-12 所示。

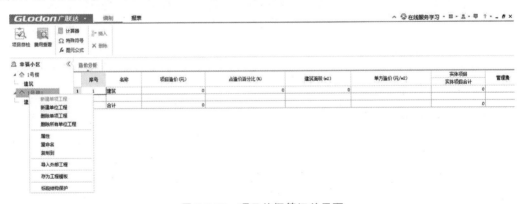

图 2-3-12 项目的概算汇总界面

在项目的概算汇总界面，我们可以清晰地看到工程总费用的组成，全面包含概算费用中的所有费用项，除了以前用 GCCP4.0 软件可以处理的工程费用之外，概算中的设备购置费、建设其他费等费用都可以直接在软件中进行处理，省去我们后期用 Excel 汇总的工作量，如图 2-3-13 所示。

> **练习**
>
> 根据图纸新建工程。

图 2-3-13 项目的概算汇总界面

2. 编制建安费

切换到需要进行费用编制的单位工程,编制定额。

①方法一:利用查询功能查找录入。点击"查询"按钮(见图 2-3-14),在弹出的对话框中利用条件或章节查询,找到需要的定额,点击"插入"按钮(见图 2-3-15),完成定额的录入。

图 2-3-14 查询功能

图 2-3-15 "插入"按钮

②方法二：选中一条定额行，单击鼠标右键，选择"插入子目"，手动输入定额编码，通过这些方法完成定额的编制；对定额进行换算（乘系数换算、人材机换算、标准换算等），具体操作方法可参见招投标部分的投标部分的换算内容，如图 2-3-16 所示。

图 2-3-16　标准换算

概算阶段经常会遇到暂时不能确定的工程内容，对于这些不能确定具体列项信息的内容，使用者通常补充一条内容，直接输入工程量，给定一个高于市场的估价来计算这项费用。针对这种情况，使用者可以在软件中直接单击鼠标右键，通过添加实物量计算行来完成计价（如建立一个农业实验基地，其中实验室的墙采用高密闭性装修材料，但并没有列明具体材料名称和类型，在做概算时就会对墙的装修补充一项，工程量按图纸计算，咨询同类材料市场价后，填写略高市场价的单价，进行计费），如图 2-3-17 所示。由于列项较粗，不明确所需人工机械含量，这笔费用都计算为材料费。

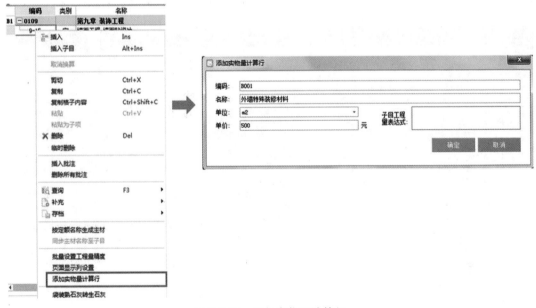

图 2-3-17　添加实物量计算行

所有的定额编制完成后，软件可以直接切换到项目界面，在"人材机汇总"菜单中对人材机的价格进行统一调整，可以批量载价，也可以手动输入市场价信息，如图 2-3-18 所示。完成以上操作后，建安费就编制完成了。

图 2-3-18 批量载价

> **练习**
>
> 根据图纸完成工程建安费的编制。

3. 编制设备购置费

建安费会涉及购买主材和设备的费用。软件在概算部分的设置了"设备购置费"页签，可以计算国内采购设备费以及国外采购设备费。

对于国内采购设备的处理是比较简单的，输入需要计算价钱的设备名称、规格型号、计量单位、数量、出厂价和运杂费率等基本信息，软件就会帮我们自动计算出市场价以及市场价合计，如图 2-3-19 所示。

图 2-3-19 设备购置费

对于国外采购设备费，除了要计算国内运杂费之外，还要考虑汇率、国际运输费、保险费、关税、手续费等烦琐的费用项。软件为大家内置了"进口设备单价计算器"，能帮助大家计算进口设备单价，如图 2-3-20 所示。选择"国外采购设备"点击"进口设备单价计算器"功能键，可以看到软件已经内置了常用的计算模板，按照计算要求输入离岸价和汇率，在涉及其他费用项时输入相关费率就可以了，如图 2-3-21 所示。

图 2-3-20 进口设备单价计算器

图 2-3-21　输入离岸价和汇率

点击"计算",这个设备的单价就计算出来了,如图 2-3-22 所示。

图 2-3-22　点击"计算"

对于复杂的进口设备单价计算,利用内置的进口设备单价计算器,单价计算就更加方便了。

> 练习
>
> 根据图纸完成设备购置费的编制。

4. 编制建设其他费

切换到"建设其他费"页签,可以看到软件将工程建设其他费包含的所有费用项都清晰地罗列出来了,在计算时可以对照,防止丢项漏项。针对简单的费用计算,可以直接输入单价和数量,软件会计算出具体金额;对于某些费用,如工程设计费、建设单位管理费等,国家有相应的文件要求,大家如果有不清晰的地方,可以参照软件给出的计价依据进行文件的查询;对于计算复杂的费用项,软件也提供了"其他费用计算器",如图 2-3-23 所示。

点击"其他费用计算器"功能键,可以看到软件已经内置了各项费用的计算模板,我们只需要输入相应的工程信息就可以计算结果,如工程招标费。可以看到,不同的中标金额对应的费率值是不同的,手工计算时就需要自己对照文件规定一部分一部分来计算,在软件中填入中标金额即可,软件会自动计算出工程招标费,还会在下方显示出详细的计算过程,如图 2-3-24 所示。点击"应用"按钮,该费用就能快速填入工程招标费的费用项。

图 2-3-23 "其他费用计算器"页签

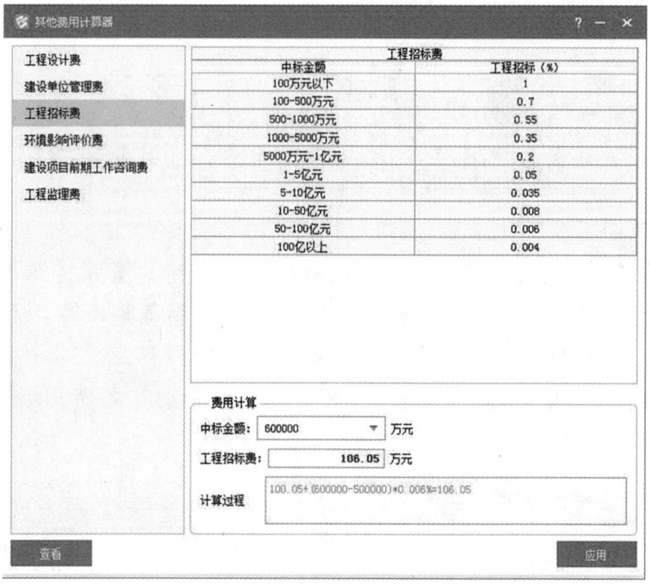

图 2-3-24 "其他费用计算器"的计算界面

对于建设其他费繁多的费用项，如果大家以前有做好的 Excel 模板，软件可以通过导入 Excel 文件直接导入，如图 2-3-25 所示。

图 2-3-25 "导入 Excel 文件"页签

使有者也可以对软件中现有的费用模板进行修改调整,再点击"保存模板"进行保存,下一个工程可以点击"载入模板"直接调用,如图 2-3-26 所示。

图 2-3-26 "保存模板"与"载入模板"

> **练习**
> 根据图纸完成建设其他费的编制。

5. 编制调整概算

通过前面 4 节的讲解,我们基本已经可以做出一份完整的概算文件了,但是概算编制规范规定,对原设计范围的重大变更,由原设计单位核实编制调整概算,所调整的内容逐项与原概算对比并分析主要原因,所以接下来讲解调整概算的内容。

软件设置了单独的"调整概算"页签,如图 2-3-27 所示。在各费用项中输入调整后的数值,软件会自动计算出差额。

图 2-3-27 "调整概算"页签

> **练习**
> 根据图纸完成调整概算的编制。

6. 概算小助手

对于概算业务,有些人做的比较少,对概算定额以及相应的费用文件不是很了解,特别是做外地工程时,对外地的概算文件编制依据更不清楚。这些文件在网上也不易查询,这时可以借助云计价平台的概算小助手查找想要的费用文件。

(1) 在云计价平台界面右侧的"工作空间",点击"概算小助手",如图 2-3-28 所示。

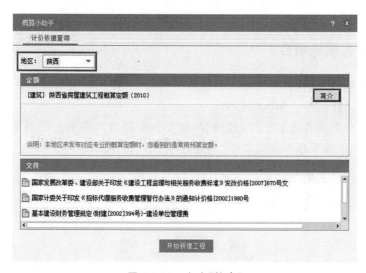

图 2-3-28　点击"概算小助手"

(2) 在概算小助手中选择地区(以陕西为例),下方就会按照时间顺序显示当地概算相关的费用文件,点击"简介"可以查看具体内容,如图 2-3-29 所示。

图 2-3-29　点击"简介"

在软件中如何处理概算业务就讲解完了。希望大家能通过这次概算部分的讲解了解到概算业务的一些基础知识,学会软件处理概算业务的方法,独立使用云计价平台编制概算工程文件。

 练习

根据图纸独立完成概算工程文件的编制。

2.4 招标部分

招标部分主要包括 7 部分内容,包含新建招标项目、编制分部分项工程量清单、编制措施项目清单、编制其他项目清单、查看报表、编制安装工程分部分项工程量清单、生成电子标书,如图 2-4-1 所示。

图 2-4-1　招标部分的内容

2.4.1 新建招标项目

以幸福小区项目为例,项目包含 1 号楼和 2 号楼,工程执行陕西省建设工程工程量清单计价规则(2009)。在软件中如何操作呢?

在云计价平台界面点击"新建",选择"新建招投标项目",在弹出的对话框中选择"清单计价",点击"新建招标项目",如图 2-4-2 所示。

图 2-4-2　在"新建工程"对话框选择"新建招标项目"

在"新建招标项目"对话框中输入工程名称(幸福小区)、项目编码(根据工程实际情况输入,如001)、地区标准(选"陕西省 2009 计价规则")、定额标准(选"陕西省 2009 序列定额")。模版类别(有"人工费按市场价取费"和"人工调整计入差价"两种),如图 2-4-3 所示。

使用电子标书光盘系统及西安市网络招投标的工程的模板满足以下要求。

工程量清单:人工费按市场价取费。

招标最高限价:人工调整计入差价。

投标报价:人工费按市场价取费。

陕西省、地市:人工调整费用文件没有给出明确规定用什么模板,具体需要咨询当地招标办解释。

图 2-4-3　在"新建招标项目"对话框输入项目信息

点击"下一步",软件会进入新建招标项目界面,如图 2-4-4 所示。

图 2-4-4　新建招标项目界面

在广联达云计价平台 GCCP5.0 中,软件可以一次性快速新建招标项目中的所有单项工程及单位工程,如图2-4-5所示。幸福小区项目有1号楼和2号楼两个单项工程,每个单项工程有土建和安装(电气)两个专业。我们输入单项工程的名称为1号楼,选择单项工程的数量为2,软件列出了规范包含的所有专业,我们对工程涉及的建筑及电气专业进行勾选,点击"确定"。

软件会根据选择的单项工程的数量,以及勾选的单位工程的专业,自动将项目中的单项工程及单位工程建立起来,自动匹配每个单位工程的清单库、清单专业、定额库、定额专业。

我们可以在"新建招标项目"对话框中修改三级项目架构的名称及单位工程信息,修改后点击"完成"。

图 2-4-5 一次性快速建立单项工程及单位工程

当工程的项目架构建立完毕,工程需多人合作完成且只负责单位工程清单的编制,我们可以将需要分配出去的单位工程利用"导出单位工程"分给对应的预算人员,如图2-4-6所示。

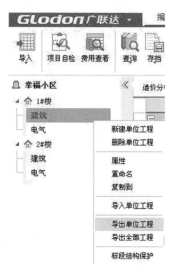

图 2-4-6 导出单位工程

我们也可以使用"导出全部工程"将所有单位工程一次性全部导出,操作方法和导出单位工程一样,选择好存放路径即可。单位工程分别做完后,我们可以采用"导入单位工程"将各单位工程导入指定项目工程,进行合并。

导出全部工程的操作界面(见图 2-4-7)如下:最上方为功能区,有编制、调价、报表、指标、电子标五大功能,和做工程的流程保持一致;三级项目管理呈现在软件界面的最左侧,便于整个项目、单项工程、单位工程之间的切换;编辑区域是进行清单、定额套取的界面,占据屏幕的 80%;屏幕下方是工程基本信息区,显示工程的基本信息。

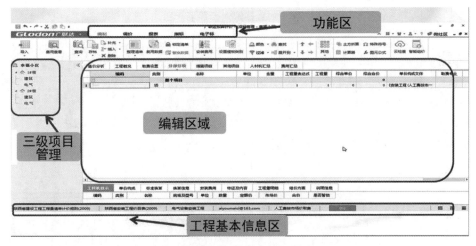

图 2-4-7　导出全部工程

练习

根据图纸新建招标项目。

2.4.2　编制分部分项工程量清单

切换到编辑界面,在左侧的三级项目管理中双击需要编辑的单位工程,以土建工程为例,双击 1 号楼的建筑工程,软件会进入单位工程编辑界面,如图 2-4-8 所示。

图 2-4-8　切换到编辑界面

1. 输入工程量清单项

1）直接输入

在清单编码列输入清单编码的前9位，后三位顺序码自动生成，如输入"010101001"，点击回车键，即可输入平整场地清单项，如图2-4-9所示。

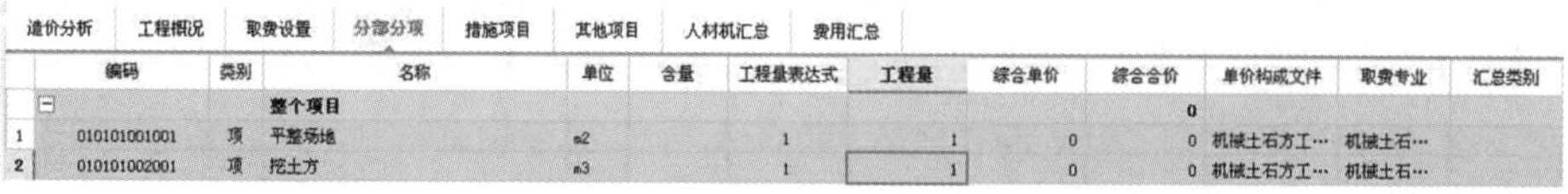

图 2-4-9　直接输入工程清单项

> **温馨提示**
>
> 输入完清单项后，可以敲击回车键快速切换到工程量列，再次敲击回车键，软件会新增一行空行，软件默认情况是新增定额子目空行，在编制工程量清单时我们可以设置为新增清单空行。操作方法是在"Glodon 广联达"下拉菜单中点击"选项"，选择"系统选项"—"输入选项"，去掉勾选的"输入清单工程量回车跳转到子目行"，如图2-4-10所示。

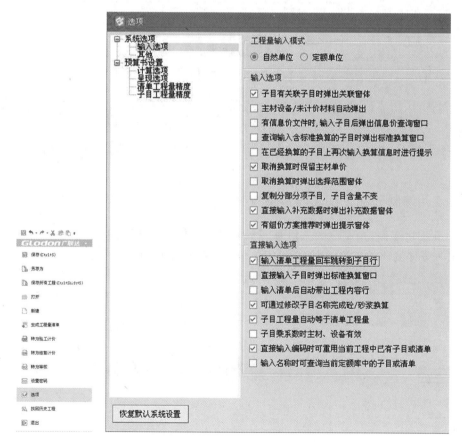

图 2-4-10　输入选项

2）查询输入（章节查询、条件查询）

章节查询：双击清单编码行，自动弹出清单、定额查询界面，在章节查询的界面双击所选清单项,即可输入,如图 2-4-11 所示。

图 2-4-11 章节查询

条件查询:在查询窗口的条件查询界面的名称里可输入清单名称或清单名称的关键字,软件可搜索出相关清单,双击所选清单项,即可将该条清单输入,如图 2-4-12 所示。

图 2-4-12 条件查询

按以上方法输入工程中实际的清单项,如图 2-4-13 所示。

图 2-4-13 输入工程中实际的清单项

3)补充清单项

规范对补充清单有新的规定:编制工程清单附录中未包括的项目,编制人应进行补充,并报省级或行业工程造价管理机构备案,省级或行业工程造价管理机构应汇总报住房和城乡建设部标准定额研究所。

补充项目的编码由附录的顺序码、"B"和三位阿拉伯数字组成,并应从 XB001 起顺序编制,同一招标工程的项目不得重码,工程量清单中应附补充项目的名称、项目特征、计量单位、工程量计算规则、工程内容。

了解了规范中的要求后,我们来看一下软件中对于补充清单的操作:点击功能区按钮"补充",选择清单,在弹出的"补充清单"对话框中,建筑专业编码默认为 AB001,输入补充清单的名称、项目特征、单位、计算规则和工作内容,点击"确定"即可补充一条清单项,如图 2-4-14 所示。

图 2-4-14 "补充清单"对话框

> **温馨提示**
>
> 规范要求同一招标工程编码不得重复,如果同一招标工程由几人分工合作,需注意此问题。如果补充内容很多,记不清顺序码排到几号了,可以直接点击编辑区上方的"补充"—"补充清单",软件会自动排序补充项,也会根据各专业的附录顺序码,自动对应补充项目的编码。

> **练习**
>
> 根据图纸完成招标项目工程量清单项的编制。

2.输入工程量

1)直接输入

平整场地,在工程量列输入清单工程量,如图 2-4-15 所示。

编码	类别	名称	单位	含量	工程量表达式	工程量	综合单价	综合合价	单价构成文件
		整个项目						0	
1	010101001001	项	平整场地	m2		420	420	0	0	机械土石方工程(…

图 2-4-15　直接输入工程量

2)通过工程量表达式输入

选择砌块墙清单项,在工程量表达式输入"3.4 * 2.8 * 0.365＋3.2 * 2.8 * 0.24",如图 2-4-16 所示。

编码	类别	名称	单位	含量	工程量表达式	工程量	综合单价	综合合价
		整个项目						0
1	010101001001	项	平整场地	m2		420	420	0	0
2	010101003001	项	挖基础土方	m3		12*12*2.4	345.6	0	0
3	010304001001	项	空心砖墙、砌块墙	m3		3.4*2.8*0.365+3.2*2.8*0.24	5.63	0	0
4	010402001001	项	矩形柱	m3		GCLMXHJ	18.33	0	0
5	010404001001	项	直形墙	m3		23.5	23.5	0	0
6	010405003001	项	平板	m3		56	56	0	0
7	AB001	补项	外购黄土	m3		1	1	0	0

图 2-4-16　通过工程量表达式输入工程量

3)通过工程量明细输入

选择矩形柱清单项,用鼠标选中工程量表达式单元格,点击下方的"工程量明细",在工程量明细单元格下方的空白地方单击鼠标右键,插入或者添加行,如图 2-4-17 所示。

编码	类别	名称	单位	含量	工程量表达式	工程量	综合单价	综合合价	单价构成文件	取费专业	汇总类
		整个项目						0			
1	010101001001	项	平整场地	m2		420	420	0	0	机械土石方工程…	机械土石…	
2	010101003001	项	挖基础土方	m3		12*12*2.4	345.6	0	0	机械土石方工程…	机械土石…	
3	010304001001	项	空心砖墙、砌块墙	m3		3.4*2.8*0.365+3.2*2.8*0.2	5.63	0	0	一般土建工程(人工费按市价取费)	一般土建工程	
4	010402001001	项	矩形柱	m3		GCLMXHJ	18.33	0	0	一般土建工程(人…	一般土建…	
5	010404001001	项	直形墙	m3		23.5	23.5	0	0	一般土建工程(人…	一般土建…	
6	010405003001	项	平板	m3		56	56	0	0	一般土建工程(人…	一般土建…	
7	AB001	补项	外购黄土	m3		1	1	0	0	一般土建工程(人…	一般土建…	

	内容说明	计算式	结果	黑加标识	引用代		变量名	变量说明	单位	计算公式	变量值
0	计算结果		18.328				JZMJ	建筑面积	m2	0	0
1	600*600的柱子12根	0.6*0.6*2.9*12	12.528	☑							
2	500*500的柱子8根	0.5*0.5*2.9*8	5.8	☑							
3			0	☑							
4			0	☑							
5			0	☑							

图 2-4-17　通过工程量明细输入工程量

工程量明细相当于是由多个简单计算公式组合而成的,可在内容说明列进行备注,最终结果会汇总在此条清单的工程量。此功能对于处理装修清单工程量更为清楚,在图形算量里,装修部分基本都是按房间来进行处理的,以装修里的楼地面为例,各房间的楼地面工程量最后都要汇总在一条楼地面的清单里,使用工程量明细功能可快捷完成工程量的输入,并且在需要进行查看时,过程也是清晰可见的。

灵活使用以上三种方法,输入所有清单的工程量。

> **练习**
> 根据图纸完成招标项目工程量的输入。

3. 项目特征描述

1) 直接输入

陕西省建设工程工程量清单计价规则,要求招标人编辑每个清单项的项目特征。选择平整场地清单,点击"特征及内容",单击土壤类别的特征值单元格,如果工程说明为二类土,此时就选择"二类土壤",填写弃土运距或取土运距,软件会将项目特征值显示到对应清单名称下,如图2-4-18所示。

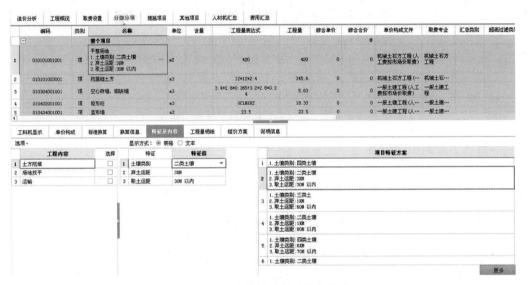

图 2-4-18　直接输入项目特征描述

按照实际情况描述各清单项的项目特征,软件中的特征项是按规则列项的,不能满足实际工程要求时,可以单击鼠标右键插入空行,列出实际需要的项,填写特征值。

软件中项目特征的显示方式分为"表格"和"文本"两种,默认为"表格"输入,可切换至"文本"输入,直接输入清单的项目特征,如图2-4-19所示。

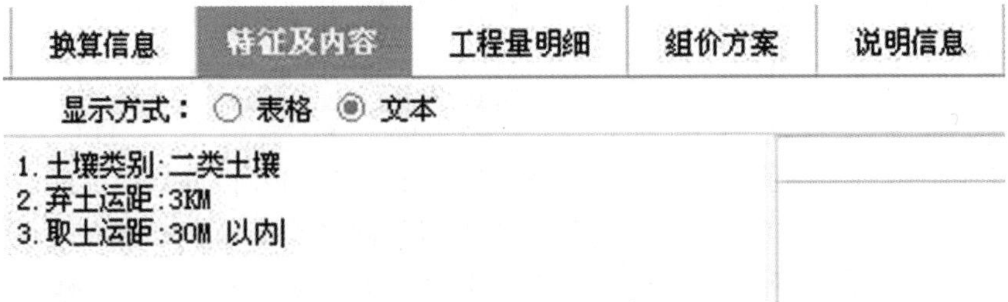

图 2-4-19　选择项目特征的显示方式

项目特征的添加位置和呈现内容需要更改的,可点击"选项"进行切换,如图2-4-20所示。

项目2 广联达云计价平台GCCP5.0软件应用

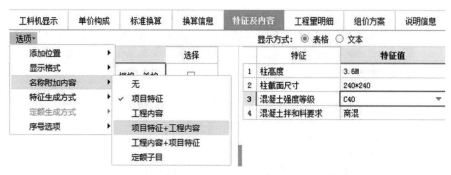

图 2-4-20 更改项目特征的添加位置和呈现内容

2)组价方案存档再利用

相同专业清单特征描述相同或相似,为了提高工作效率,可以将描述好的项目特征保存,点击"存档",选择"组价方案",如图 2-4-21 所示,本工程或下个工程再遇到时,可点击"项目特征方案"调用。

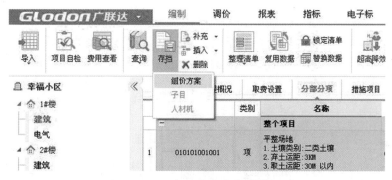

图 2-4-21 组价方案存档再利用

> 练习

根据图纸完成招标项目项目特征的描述。

4. 分部整理

清单编制过程中存在删减、添加的情况,编制完毕后需要将清单按照章节进行整理,可以通过"整理清单"—"分部整理"实现功能,如图 2-4-22 所示。

图 2-4-22 选择分部整理

在弹出的对话框中按专业、章、节进行整理,如勾选"需要章分部标题",如图 2-4-23

所示。

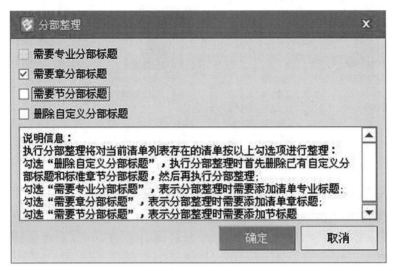

图 2-4-23　勾选“需要章分部标题”

点击“确定”，软件自动生成分部并建立分部行和清单行的归属关系。补充清单默认的分部单独分为一个补充分部，如图 2-4-24 所示。

	编码	类别	名称	单位	含量	工程量表达式	工程量	综合单价	综合合价
			整个项目						0
B1	A.1	部	A.1 土(石)方工程						0
1	010101001001	项	平整场地 1.土壤类别:二类土壤 2.弃土运距:3KM 3.取土运距:30M 以内	m2		420	420	0	0
2	010101003001	项	挖基础土方	m3		12*12*2.4	345.6	0	0
B1	A.3	部	A.3 砌 筑 工 程						0
3	010304001001	项	空心砖墙、砌块墙	m3		3.4*2.8*0.365+3.2*2.8*0.24	5.63	0	0
B1	A.4	部	A.4 混凝土及钢筋混凝土工程						0
4	010402001001	项	矩形柱	m3		GCLMXHJ	18.33	0	0
5	010404001001	项	直形墙	m3		23.5	23.5	0	0
6	010405003001	项	平板	m3		56	56	0	0
B1		部	补充分部						0
7	AB001	补项	外购黄土	m3		1	1	0	0

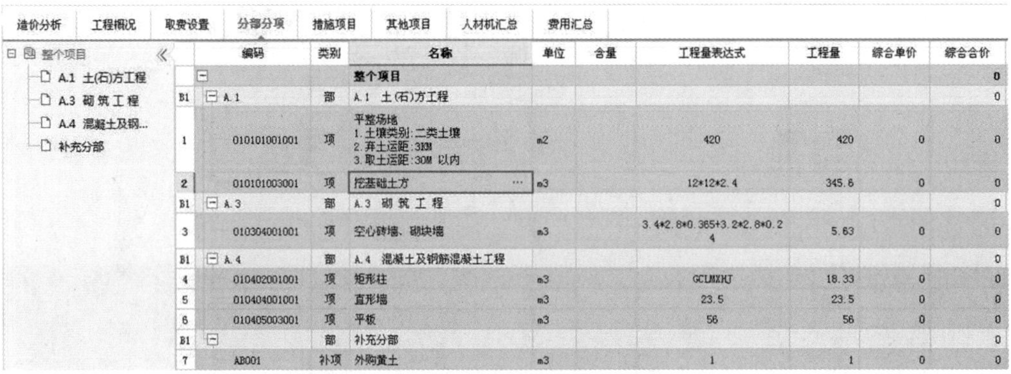

图 2-4-24　补充分部

如果在章节整理时需要将补充清单整理到某个章节下，要在补充清单行的“指定专业章节位置”列，选择对应章节，如图 2-4-25 所示。

	编码	类别	名称	综合单价	综合合价	单价构成文件	取费专业	指定专业章节位置	汇总类别	超高过滤类别
B1			补充分部		0	[一般土建工程…				
1	AB001	补项	外购黄土	0	0	一般土建工程(人…	一般土建…	…		

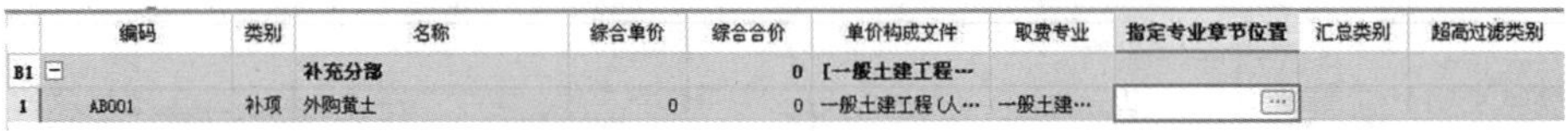

图 2-4-25　指定专业章节位置

当“指定专业章节位置”列没有显示时，可在编辑区任意位置单击鼠标右键，选择“页面显示列设置”，在弹出的界面对“指定专业章节位置”进行勾选，点击“确定”，页面上会出现“指定专业章节位置”列（将水平滑块向后拉），点击单元格，出现 … 按钮，点击按钮，在出现的对话框中选中需要归属的章节，如图 2-4-26 所示。

图 2-4-26 指定专业章节位置-土(石)方工程

指定对应专业章节位置后,进行分部整理,补充清单项就会归属到选择的章节中,如图 2-4-27 所示。

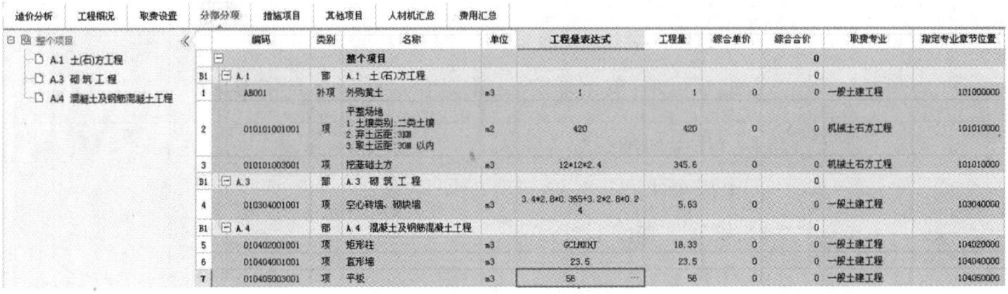

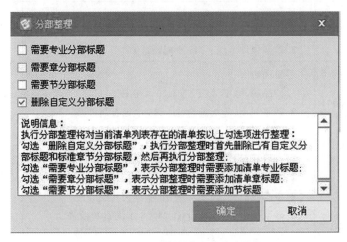

图 2-4-27 进行分部整理

如果要取消分部整理,点击"分部整理"功能,勾选"删除自定义分部标题",点击"确定",所有的分部行即可取消,如图 2-4-28 所示。

图 2-4-28 删除自定义分部标题

至此，输入工程量清单项、输入工程量、项目特征描述、分部整理都已完成。

 练习

根据讲解，完成工程量清单项的输入，如表2-4-1所示。

表2-4-1 工程量清单项表

序号	项目编码	项目名称	计量单位	工程数量
	A	建筑工程		
	A.1	A.1 土(石)方工程		
1	010101003001	挖桩间土方 1.挖土深度:0.6 m 2.土方运距:土方外运(运距结合实际情况自主考虑)	m³	1762.75
2	010103001001	土(石)方回填 1.土质要求:素土 2.密实度要求:≥0.95 3.夯填 4.土方运距:黄土外购(运距结合实际情况自主考虑)	m³	6856.5762
3	010103001004	土(石)方回填 1.土质要求:3∶7灰土 2.密实度要求:≥0.97 3.夯填 4.土方运距:黄土外购(运距结合实际情况自主考虑) 5.白灰采用袋装白灰	m³	1005.25
	A.3	A.3 砌筑工程		
4	010301001001	砖基础 1.砖品种、规格、强度等级:烧结普通砖 2.砂浆强度等级：M5水泥砂浆	m³	74.37
5	010302006001	零星砌砖 1.砖品种、强度等级：MU10实心砖 2.砂浆强度、等级配合比：M5水泥石灰砂浆 3.部位:卫生间蹲位	m³	0.02
6	010304001001	空心砖墙、砌块墙 1.墙体厚度:120 mm 2.空心砖品种、强度等级:非承重大孔空心砖 3.砂浆强度、等级配合比：M7.5水泥石灰砂浆	m³	17.75
	A.4	A.4 混凝土及钢筋混凝土工程		

续表

序号	项目编码	项目名称	计量单位	工程数量
7	010402001001	矩形柱 1.柱截面尺寸:>1.8 m 2.混凝土强度等级:C45P10 3.混凝土拌和料要求:商品混凝土 4.商品混凝土制作、运输、浇捣、振捣、人工养护	m^3	101.668
8	010403002001	矩形梁 1.混凝土强度等级:C30 2.混凝土拌和料要求:商品混凝土 3.商品混凝土制作、运输、浇捣、振捣、人工养护	m^3	174.22
9	010404001006	直形墙 1.墙厚度:300 mm 2.混凝土强度等级:C40 3.混凝土拌和料要求:商品混凝土 4.商品混凝土制作、运输、浇捣、振捣、人工养护	m^3	59.58
10	010405001002	有梁板 1.板厚度:120 mm 2.混凝土强度等级:C30 3.混凝土拌和料要求:商品混凝土 4.商品混凝土制作、运输、浇捣、振捣、人工养护	m^3	158.29
11	010416001001	砌体拉结筋 钢筋种类、规格:HPB325;Ⅰ级圆钢≤10	t	18.199
12	010416002003	现浇混凝土钢筋 钢筋种类、规格:HRB335;Ⅱ级螺纹钢>10	t	652.548
13	010417002001	预埋铁件	t	7.298
	A.6	A.6　金属结构工程		
14	010606008001	钢爬梯 1.构件名称:钢爬梯 2.油漆品种、遍数:调和漆二度、刮腻子、防锈漆或红丹一度(陕02J01-油23)	t	0.778
15	AB001	凿桩头	根	10

2.4.3 编辑措施项目清单

软件已经按照规范要求将常用措施项目内置，按陕西省2009清单计价规则，分为通用项目和各专业的专用项目，如图2-4-29所示。

图2-4-29 措施项目清单

软件中的措施项目按照规范内置，如不能完全满足当前工程实际情况，可根据所做工程情况对当前工程的措施项目进行添加编辑，如选择序号10，用鼠标右键点击"插入"，即可插入空白行，可以将增加的措施项按照实际需求输入，如图2-4-30所示。

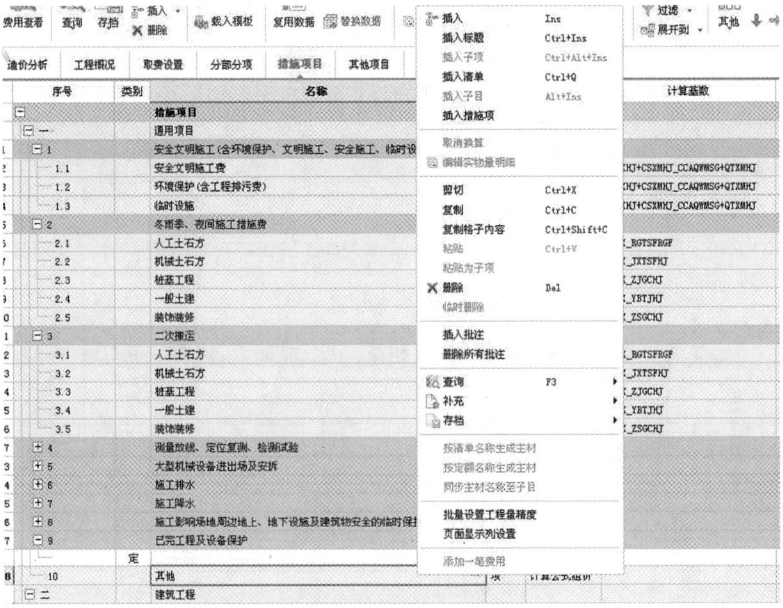

图2-4-30 添加措施项目

> **温馨提示**
>
> 措施项目的项在实际工程没有特殊情况时不需要进行添加或删除;如果所做工程是西安市的工程,标准数据接口要求不允许对已列项进行修改,否则无法通过招投标平台;其他地方的项目可根据实际情况进行添加或删除。

> **练习**
>
> 根据图纸完成招标项目措施项目清单的编制。

2.4.4 编辑其他项目清单

陕西省 2009 清单计价规则对其他项目清单的规定如下。
其他项目清单宜按照下列内容列项:
①暂列金额;
②暂估价(包括材料暂估价、专业工程暂估价);
③计日工;
④总承包服务费。
其他项目清单如图 2-4-31 所示。

图 2-4-31 其他项目清单

需要编辑哪项费用可直接点击,如需要编辑暂列金额可点击"暂列金额",如图 2-4-32 所示。

图 2-4-32 编辑暂列金额

右边的单元格里可以输入相应的序号、名称、计量单位和暂定金额,也可以进行备注,如图 2-4-33 所示。

图 2-4-33 输入相应的序号、名称、计量单位和暂定金额

> **温馨提示**
>
> 陕西省2009清单计价规则规定,甲方如果确定要对暂列金额进行列项,必须给出明确的估算金额,不可以给出计算基数和费率,要保证所有投标单位的暂列金额都一样;专业工程暂估价计日工、总承包服务费等按照相关规定结合实际工程依照此方法进行编码即可,编辑完后可点击"其他项目"按钮,可同时查看其他项目清单的编辑内容,如图2-4-34所示。

图 2-4-34　查看其他项目清单的编辑内容

> **练习**
>
> 根据图纸完成招标项目其他项目清单的编制。

2.4.5　查看报表

所有单位工程的内容编辑完成后,查看本单位工程的报表,需要将界面切换至报表界面,如"分部分项工程量清单",如图2-4-35所示。

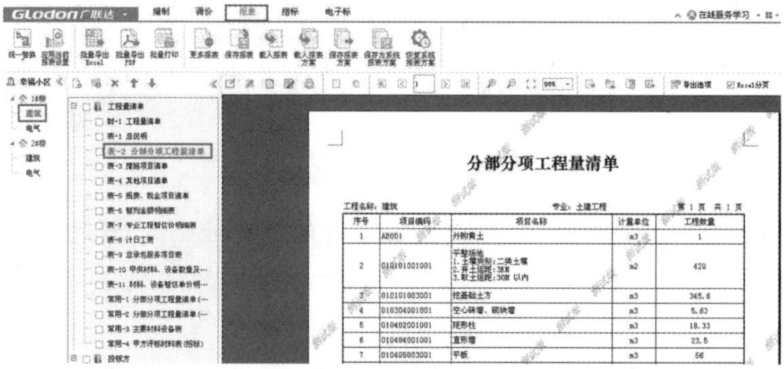

图 2-4-35　查看本单位工程的报表

单张报表可导出为 Excel 文件:点击右上角的 图标,如图 2-4-36 所示,在弹出的对话框中选择保存路径,点击保存。

图 2-4-36　导出 Excel 文件的图标

我们也可以把所有报表批量导出为 Excel 文件,方法是点击"批量导出 Excel",如图 2-4-37 所示。

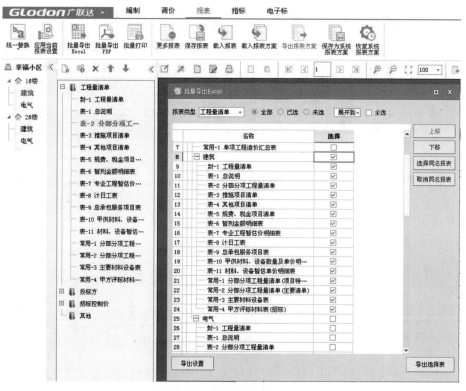

图 2-4-37　批量导出 Excel 文件

勾选需要导出的报表,点击"导出选择表",即可将选中的报表导出到指定的文件夹。

> 练习
>
> 根据图纸完成招标项目报表的导出。

2.4.6　编制安装工程分部分项工程量清单

在最左侧的三级项目管理中,点击电气工程,进入 1 号楼电气的编辑界面,如图 2-4-38 所示。

图 2-4-38　点击电气工程进入编辑界面

1. 输入安装工程分部分项工程量清单

安装工程分部分项工程量清单的手动输入方法与土建相同。我们再介绍一种调用外部数据的方法，即导入 Excel 文件，具体操作方法是在单位工程主界面，点击"导入"，选择"导入 Excel 文件"，如图 2-4-39 所示。

图 2-4-39　导入 Excel 文件

在弹出的对话框中，点击"选择"，找到要导入的 Excel 文件，如图 2-4-40 所示。

图 2-4-40　选择要导入的 Excel 文件

选中要导入的文件后，点击"打开"进行导入，如图 2-4-41 所示。

图 2-4-41　点击"打开"进行导入

这里导入的是分部分项工程量清单，在"选择导入位置"处选择"分部分项工程量清单"，如图 2-4-42 所示。

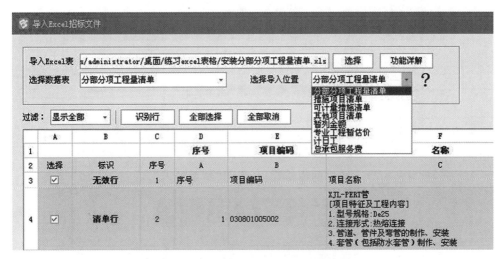

图 2-4-42 选择"分部分项工程量清单"

在识别 Excel 文件时,软件会智能识别清单的行和列,我们需要按清单的五要素查看项目编码列、名称列、计量单位列、工程数量列(陕西省 2009 清单计价规则要求项目特征放在名称列,若单列也需识别),确认列识别没问题后再查看对应行,如图 2-4-43 所示。

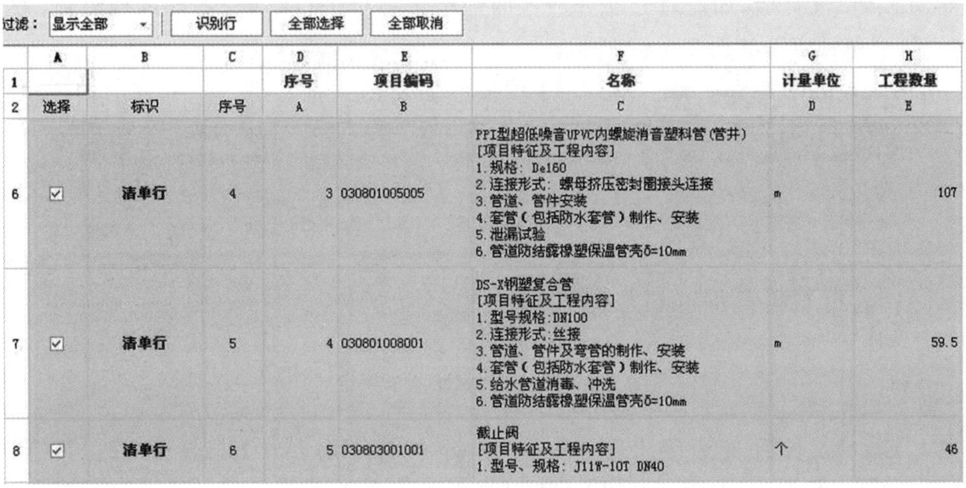

图 2-4-43 智能识别清单的行和列

软件的右下角有"清空导入"选项,如图 2-4-44 所示。导入 Excel 文件时,软件已经编辑了一部分内容,在你要导入当前这份 Excel 文件时,可以通过是否勾选"清空导入"选择是否要将单位工程中已经存在的内容清空:勾选表示清空,即将当前 Excel 文件导入,将之前的内容清空;不勾选表示保留,即在原有的基础上导入当前 Excel 文件。

图 2-4-44 "清空导入"选项

点击"导入",界面会显示蓝色的进度条,如图 2-4-45 所示。

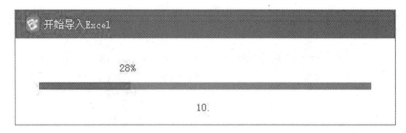

图 2-4-45　点击"导入"后的进度条

导入完成,软件会有导入成功的窗口弹出,点击"结束导入",如图 2-4-46 所示。

图 2-4-46　点击"结束导入"完成导入

导入 Excel 文件后,如需对分部分项界面的清单项目进行编辑,需要进行解锁,方法是点击"解除清单锁定",如图 2-4-47 所示。

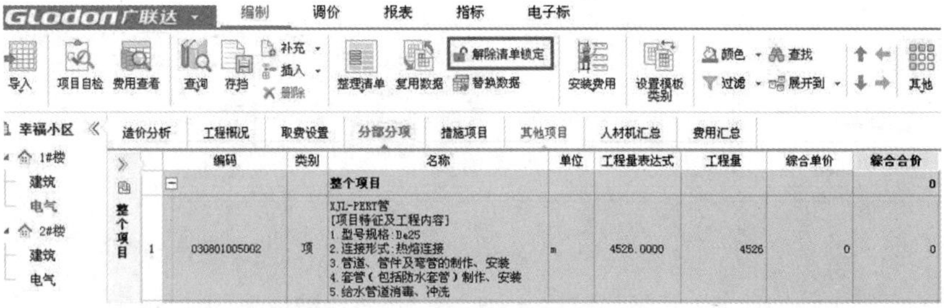

图 2-4-47　点击"解除清单锁定"

导入 Excel 文件后,软件会出现空白的定额行,可以采用上方工具界面中的"其他"中的→"清除空行"进行清除,如图 2-4-48 所示。

图 2-4-48　点击"清除空行"

清除空行时,软件会告知我们清除的范围,如果没有问题,点击"确定"完成清除空行,如图 2-4-49 所示。

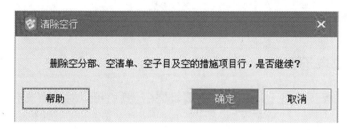

图 2-4-49　点击"确定"完成清除空行

如果导入的 Excel 文件清单编码排序混乱,使用者需要对清单进行整理排序;点击"整理清单",选择"清单排序",在弹出的对话框中有三个选项,根据软件下方描述选择,通常先进行"清单排序",这样清单就能根据章节顺序排列,再点击"重排流水码",起始流水号为"1",这样能保证相同清单后三位编码从 001 开始且连续不重复,如图 2-4-50 所示。

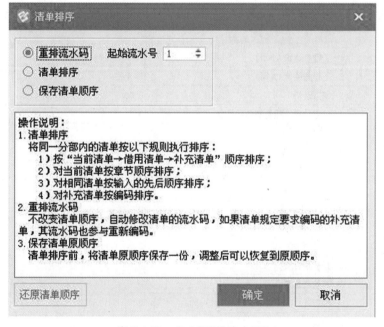

图 2-4-50　点击"重排流水码"

2. 输入措施项目、其他项目清单

保留软件默认项,软件按照规范内置,再按照土建部分的讲解方式编辑安装工程的措施项目、其他项目等相关内容中需要删减、修改的部分。

> **温馨提示**
>
> 编辑预算书和导入 Excel 文件是软件处理工程的两种模式,不是每个工程都要用到。在这里,我们只是通过不同的单位工程进行全面讲解。实际工程中,使用者可以根据情况选择以上讲解的任一方法。

> **练习**
> 根据图纸完成招标项目安装工程分部分项工程量清单的编制。

2.4.7 生成电子标书

当所有单位工程按照以上讲解的方法编辑完后,我们可以对项目文件进行检查并生成电子招标书。

在软件中将界面切换至"电子标",如图 2-4-51 所示。

图 2-4-51 点击"电子标"

1. 招标书自检

在电子标界面,点击"项目自检"功能键,在设置检查项界面选择需要检查的项。软件中的检查地区有陕西省和西安市,可根据工程要求选择。检查项通常默认为全选,即所示项目全部检查。选择完成后,点击"执行检查",如图 2-4-52 所示。

与设置的检查项不符的项会显示在"项目自检"对话框中,如图 2-4-53 所示。

图 2-4-52　点击"执行检查"

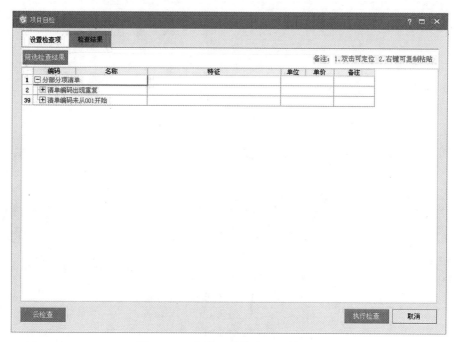

图 2-4-53　与设置的检查项不符的项

要查看细项时需点击"＋",所有细项内容都会呈现出来,双击不符的项,就可直接定位到对应位置进行修改,如图 2-4-54 所示。

修改完毕,需再次点击"项目自检"进行检查,如果检查完毕弹出的结果中还有问题描述,再继续修改,直到检查通过,如图 2-4-55 所示。

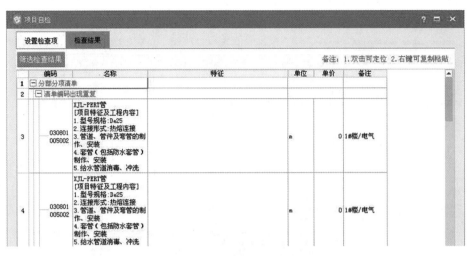

图 2-4-54　查看细项内容

图 2-4-55　检查通过

> **温馨提示**
> 在西安市进行电子招投标时,需要将最终的文件刻入光盘,在光盘中的某些项是必检查项,所以软件中的"招标书自检"功能的目的是将可能出现的问题在刻录光盘之前检查出来,帮助使用者进行修改。

2. 生成并导出招标书

点击"生成招标书"功能键可开始生成并导出招标书,如图 2-4-56 所示。

图 2-4-56 点击"生成招标书"

软件会弹出"确认"对话框(见图 2-4-57),提醒我们生成标书之前必须进行自检,确保标书没有问题才可生成标书,否则生成的标书会存在问题。如果还没有进行自检,点击"是"进行自检;已经自检查且不符项都已修改,点击"否"进入下一步操作。

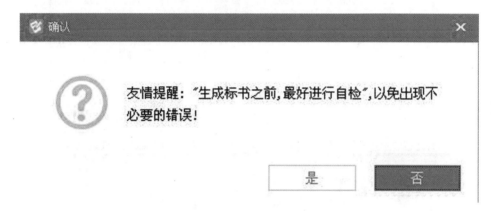

图 2-4-57 确认自检的对话框

点击导出标书界面的"选择导出位置"后方的 ⋯ 图标,选择标书导出位置,如图 2-4-58 所示。

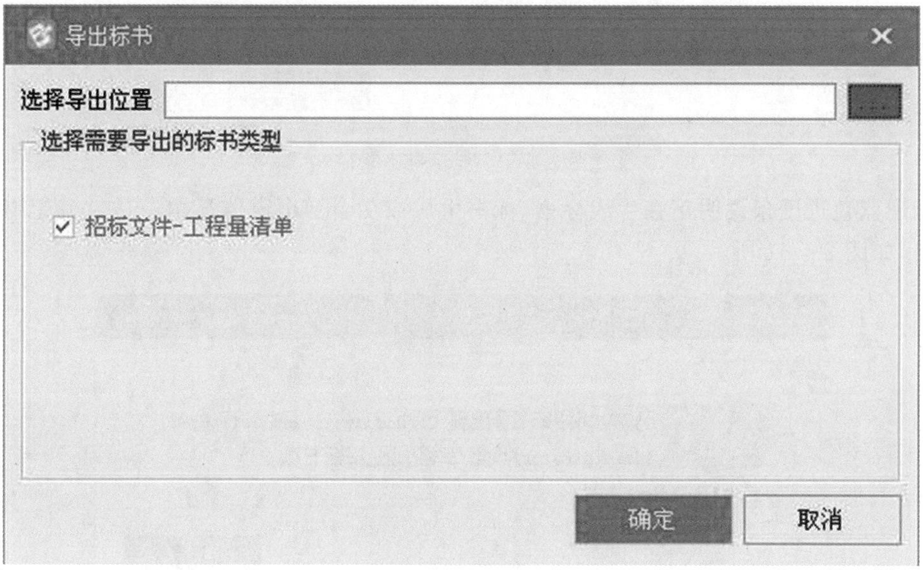

图 2-4-58 选择标书导出位置

例如,需要将导出的标书放在桌面,则在浏览文件夹中选择桌面,点击"确定",如图 2-4-59 所示。

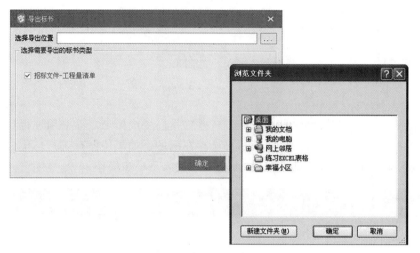

图 2-4-59　将标书导出至桌面

位置一旦选择,软件会在"选择导出位置"中将导出的路径显示出来,如图 2-4-60 所示。

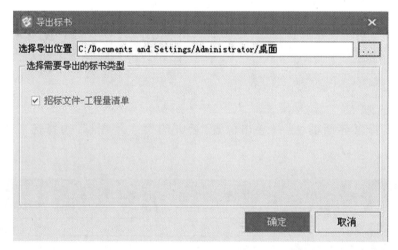

图 2-4-60　显示导出路径

出现蓝色进度条说明正在生成标书,标书生成成功会弹出窗体显示,点击"确定"即可完成导出,如图 2-4-61 所示。

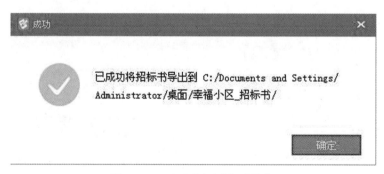

图 2-4-61　点击"确定"完成导出

在选择的存放路径下会生成一个名为"幸福小区-招标书"的文件夹,文件夹里面存放的就是陕西省各地区要求的数据文件,如图 2-4-62 所示。

图 2-4-62 "幸福小区-招标书"文件夹

后缀为 ZBS 的文件是陕西省建设工程招标投标管理办公室要求的统一数据格式的文件。

后缀为 ZBS3 的文件是采用西安市标准或网上招投标时的统一数据格式的文件。

利用"生成招标书"功能生成的 GBQ5 文件为纯清单文件,即使原工程文件中有套取定额,也会在生成招标书后把定额自动过滤掉。

> **练习**
> 根据图纸生成招标项目的电子标书。

3. 预览和打印报表

预览和打印报表的方法是在报表界面点击"批量打印",在弹出的对话框中勾选要打印的报表并点击"打印",如图 2-4-63 所示。

图 2-4-63 预览和打印报表

2.5 投标部分

投标部分主要包括 5 部分内容,包含新建投标项目、组价、人材机汇总、调价、协作模式,如图 2-5-1 所示。

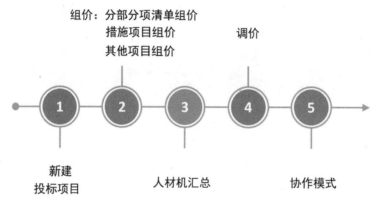

图 2-5-1　投标部分的 5 部分内容

2.5.1　新建投标项目

在云计价平台界面点击"新建",选择"新建招投标项目",在弹出的对话框中选择"新建投标项目",如图 2-5-2 所示。

图 2-5-2　在"新建工程"对话框选择"新建投标项目"

在"新建投标项目"对话框中点击"浏览",找到电子招标书的存放位置(实际操作时,看招标方的电子招标书在什么位置,在相应位置找到即可),点击"打开",软件会导入电子招标书中的项目信息,如图 2-5-3 所示。

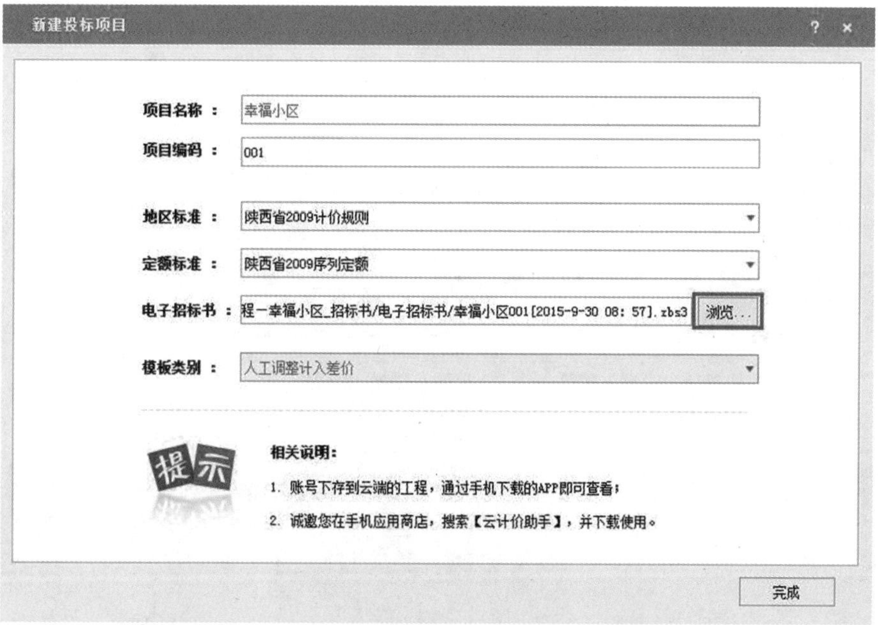

图 2-5-3　点击"浏览"导入电子招标书中的项目信息

> **温馨提示**
>
> 电子招标书里面有两个文件,即 ZBS 文件、ZBS3 文件。若投标平台为陕西省的平台,导入 ZBS 文件;若投标平台为西安市或者网上的平台,导入 ZBS3 文件。

选择电子招标书后,招标文件的信息就全部导入软件中了,包括项目信息、三级项目架构、单位工程信息等,这些信息是不允许修改的。点击"完成",进入投标编辑界面,如图 2-5-4 所示。

图 2-5-4　点击"完成"进入投标编辑界面

> **练习**
> 根据图纸新建投标项目。

2.5.2 组价

1. 分部分项清单组价

在最左侧的项目结构区选中 1 号楼"建筑"单位工程,进入单位工程的操作界面,点击"编制"查看招标方编制的清单项,如图 2-5-5 所示。

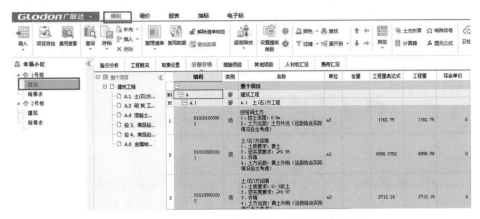

图 2-5-5 点击"编制"查看招标方编制的清单项

1)定额输入

投标方组价是在招标方所列的清单项下进行定额子目组价,具体套哪条子目或者哪几条子目是投标方根据工程情况以及招标方清单项目特征的描述等决定的。在以下内容中,输入的具体的子目号仅供功能操作的例子参考。子目的输入方式主要有以下几种。

(1)直接输入。

选择挖桩间土方清单,单击鼠标右键,选择"插入子目",如图 2-5-6 所示。

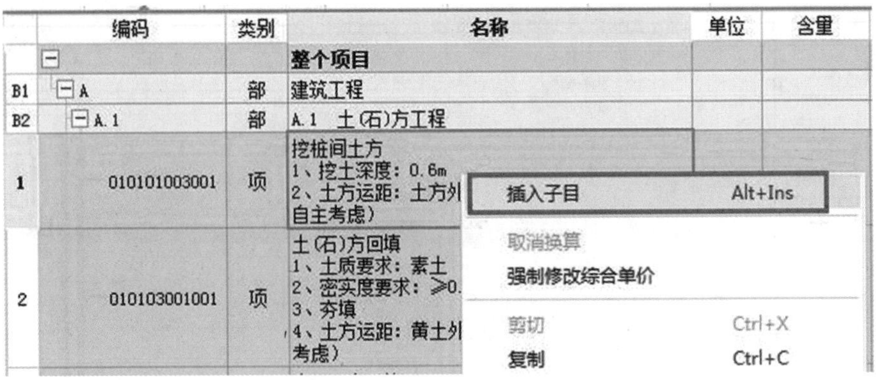

图 2-5-6 选择"插入子目"

在空行中输入定额编号,如图 2-5-7 所示。

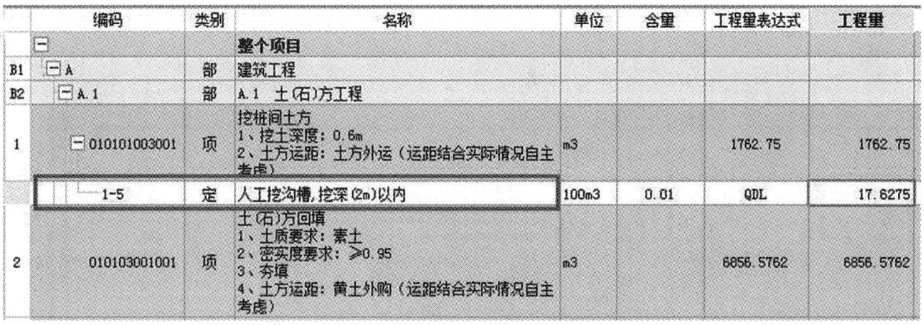

图 2-5-7　在空行中输入定额编号

（2）查询定额库。

选中要组价的清单项，单击鼠标右键，选择"查询"中的"查询清单库"，如图 2-5-8 所示。

图 2-5-8　选择"查询"中的"查询清单库"

点击"查询清单库"，软件会自动弹出"查询"窗口并联动到清单指引界面，窗口右侧会显示出与所选清单（土石方回填）相关的定额，勾选跟特征相符的定额，再点击右上角的"插入子目"，定额就会显示在对应的清单项下了，如图 2-5-9 所示。

图 2-5-9　"清单指引"界面

除此之外，清单输入时的按章节、按条件查询在定额中同样适用，如图2-5-10所示。

图2-5-10　按章节、按条件查询定额

(3) 补充子目。

当工程中出现一些新项目或新材料时，定额库中没有对应的定额，这时就需要补充定额或材料。清单规范中对补充清单的规定，招标部分已经讲解了，但对于定额子目，没有相关文件说明补充的形式，这时就要看双方对此是否有约定。补充子目的方法是选中要补充定额的清单项，点击"补充"选择"子目"，如图2-5-11所示。

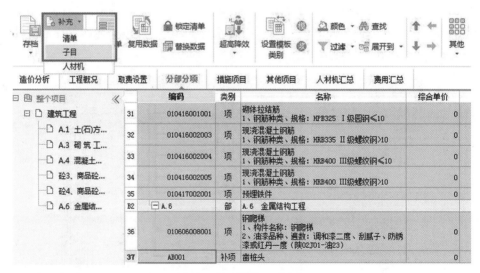

图2-5-11　点击"补充"项中的"子目"

在弹出的对话框中输入编码、专业章节、名称、单位、子目工程量表达式等，如图2-5-12所示。

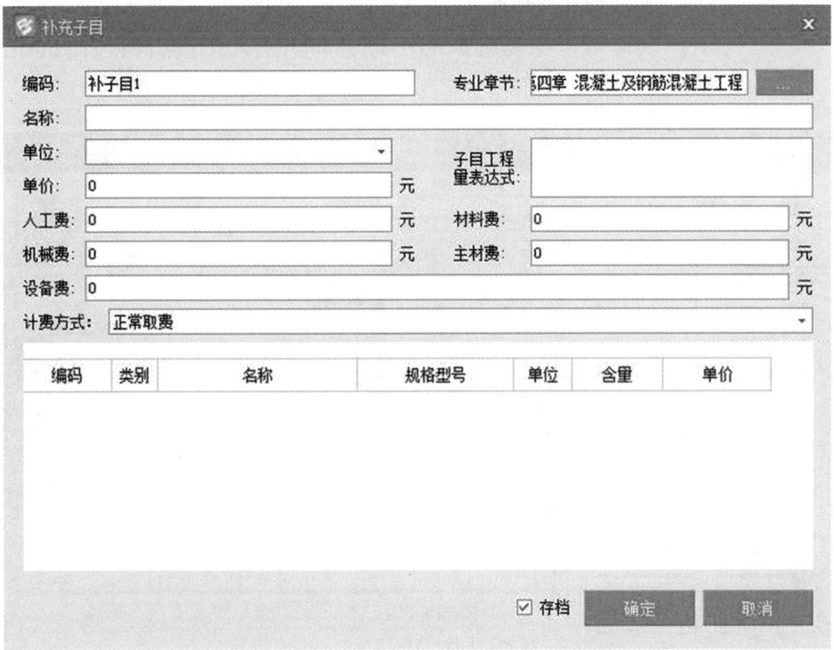

图 2-5-12　在"补充子目"中输入子目信息

"补充子目"中的人工费、材料费、机械费、主材费及设备费有三种输入方式。

第一种是直接在人工费、材料费、机械费、主材费、设备费对应的栏中输入各自的费用，下方会自动形成这条补充定额的人材机列表，如图 2-5-13 所示。

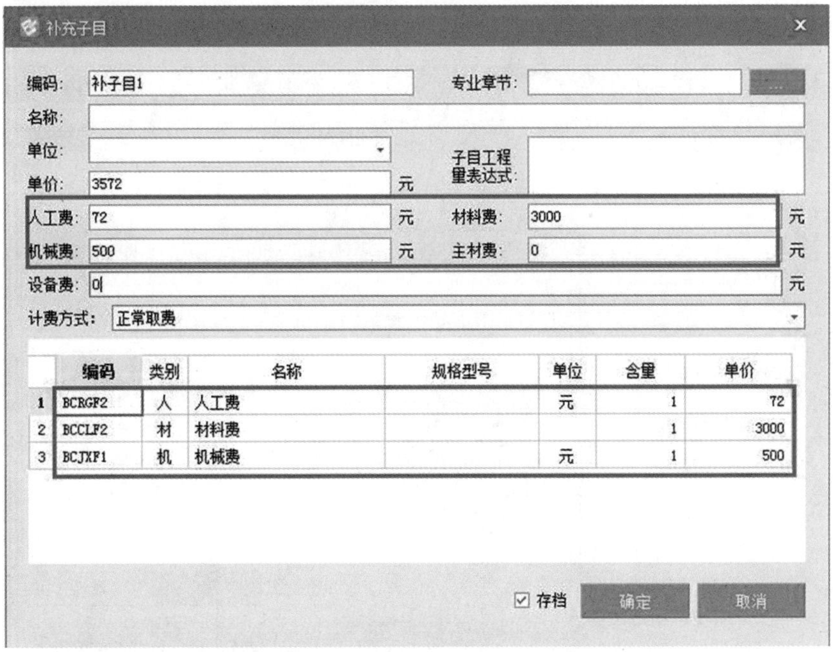

图 2-5-13　直接输入人工费、材料费、机械费、主材费、设备费

第二种是在补充人工资、材料费、机械费、主材费、设备费时按照"费用的开头字母＋冒

号+编号"的格式补充需要的费用(补充人工费时输入"r:××",补充设备费时输入"s:××"),如图 2-5-14 所示。软件可以根据输入的字母自动识别人工费、材料费、机械费、主材费和设备费。

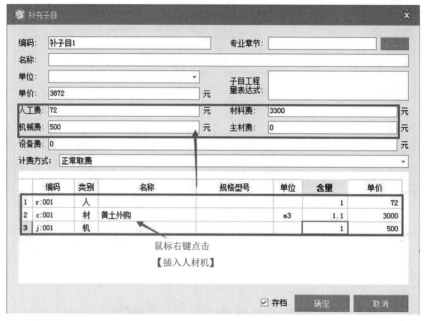

图 2-5-14 补充输入人工费、材料费、机械费、主材费、设备费

第三种是直接在编码里输入编号后回车,在弹出的对话框中选择对应的费用类别,如图 2-5-15 所示。

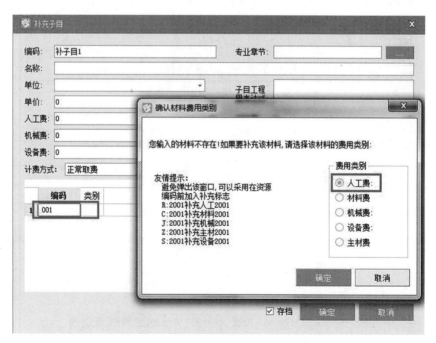

图 2-5-15 选择对应的费用类别

选择完毕后,点击"确定",再输入"含量"和"单价",如图 2-5-16 所示。

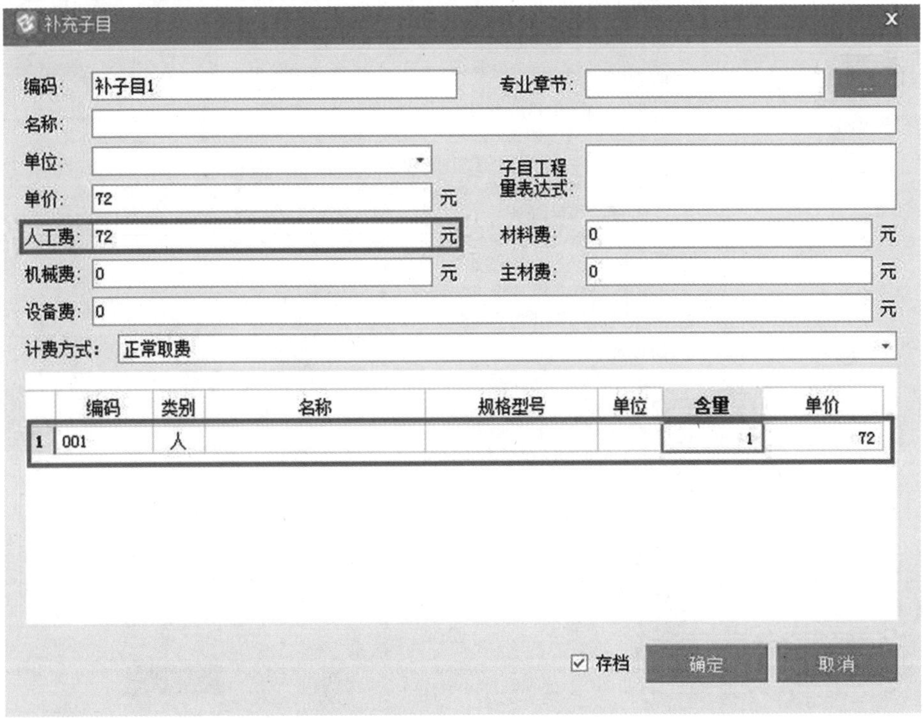

图 2-5-16 输入"含量"和"单价"

补充子目中相应的人材机设置好后,含量和金额自动计取在相应的人工费、材料费、机械费里,累加起来就等于这条补充子目的单价。

2)工程量输入

招标方已经按照清单规则计算并给出清单量,子目工程量按照定额计算规则计算。一般来说,清单计算规则和定额计算规则一致,但部分计算规则不同,如土方、踢脚线等。当输入的定额计算规则和清单计算规则一致时,定额的工程量表达式会显示"QDL",意思是清单工程量等于定额工程量,当规则不一致或单位不相同时,定额工程量要手动输入,如图 2-5-17 所示。

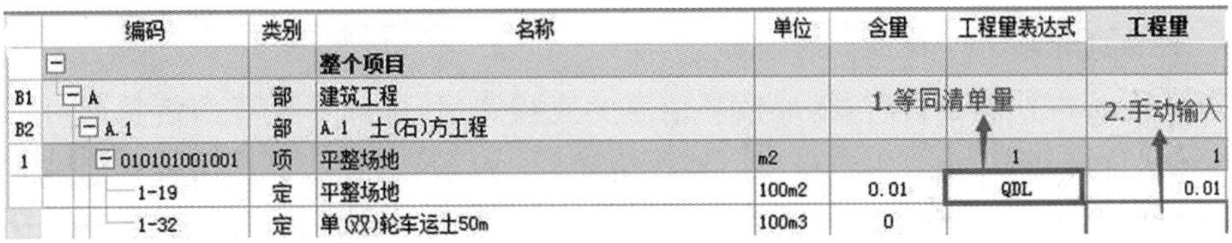

图 2-5-17 定额工程量的输入方式

软件能够将定额工程量自动等同清单工程量,是因为在"Glodon 广联达"—"选项"中对"子目工程量自动等于清单工程量"进行了勾选,不勾选则不会关联(软件默认是勾选的),如图 2-5-18 所示。

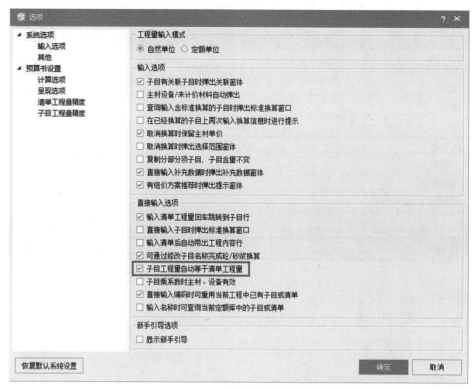

图 2-5-18　勾选"子目工程量自动等于清单工程量"

子目工程量在输入时除了默认等于清单工程量、直接输入外,还有其他输入方式,如计算公式输入、图元公式输入等,操作方法和招标方编制招标文件时清单的工程量的输入方法相同,可根据工程实际情况灵活处理。

3)换算

按照定额估价中的子目组价后,我们有时需要根据工程情况在原有基础上进行换算。软件提供了几种换算方式,可以根据工程实际进行选择。

(1)标准换算。

软件的标准换算有两种方式:输入子目的同时换算,输入完子目后换算。

第一种方式是输入子目的同时换算。

在输入含标准换算子目时,标准换算信息会直接弹出,选择要换算的信息即可;需要先在"自动弹出标准换算"窗口进行设置。操作步骤:点击"Glodon 广联达",选择"选项",选择"系统选项"中的"输入选项",勾选"查询输入含标准换算的子目时弹出标准换算窗口"和"直接输入子目时弹出标准换算窗口",如图 2-5-19 所示。

利用查询方式双击套用子目或手动输入时,含标准换算的子目会自动弹出标准换算窗口,选择对应的换算信息双击即可直接换算,如图 2-5-20 所示。

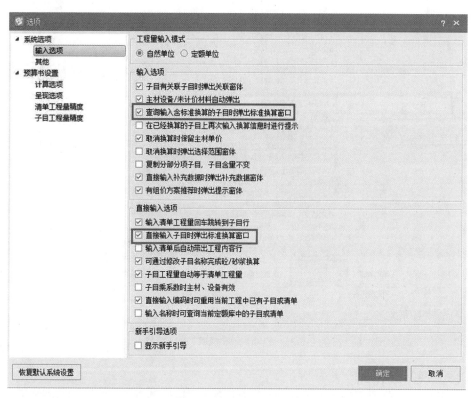

图 2-5-19 勾选"直接输入子目时弹出标准换算窗口"

图 2-5-20 点击"换算窗口"直接换算

第二种方式是输入完子目后换算。

在"选项"中没有勾选对应项时,输入子目号后不会弹出换算窗口,进行换算时需要先选中要换算的子目,点击"标准换算",选择对应的换算信息双击进行换算,如图 2-5-21 所示。

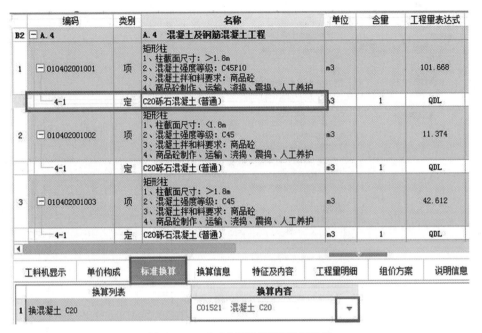

图 2-5-21　点击"标准换算"进行换算

(2) 系数换算。

选中矩形柱清单项下的 4-1 子目,点击子目编码列,使其处于编辑状态,在子目编码后面输入"*1.1",软件就会把这条子目的人材机含量乘以 1.1,如图 2-5-22 所示。需要换算的子目人材机所乘的系数不一样时,要分别输入对应的系数(R 代表人工、C 代表材料、J 代表机械),中间用","隔开。

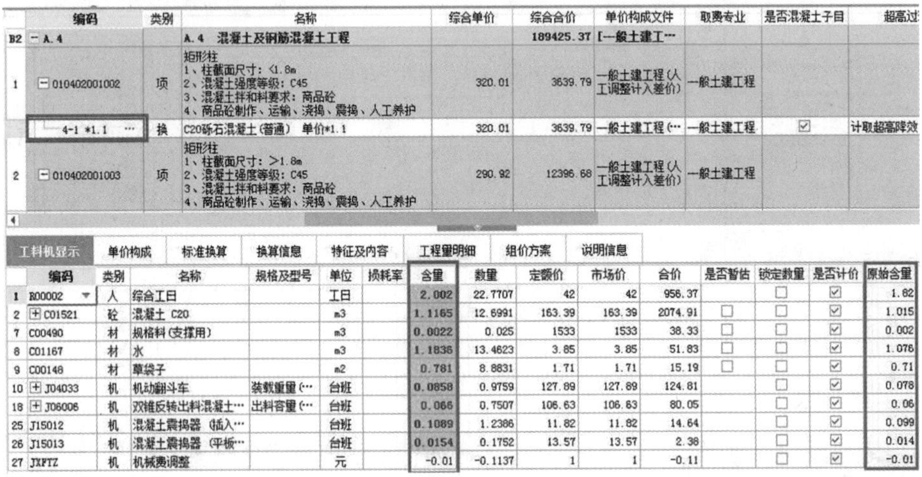

图 2-5-22　系数换算

4) 组价方案

一个项目会存在多条清单套取的定额子目是一样的的情况,如矩形柱套取的都是 4-1 子目。为了提高效率、减少重复性工作,可以选中子目套取好的清单项,单击右键,选择"存档"中的"组价方案",将组价方案存档,也可以直接点击功能区的"存档"功能键并选择"组价方案"进行存档,如图 2-5-23 所示。

图 2-5-23 将组价方案存档

> **温馨提示**
> 存档时,应同时选中需要存档的清单和定额。

存档的组价方案在本工程或下个工程的清单编码和特征关键字能和存档信息匹配上时会在下方的"组价方案"中显示出来,可双击调用;操作方法是选中要套子目的"清单",点击"组价方案",在呈现的方案中选择要调用的方案,如图 2-5-24 所示。

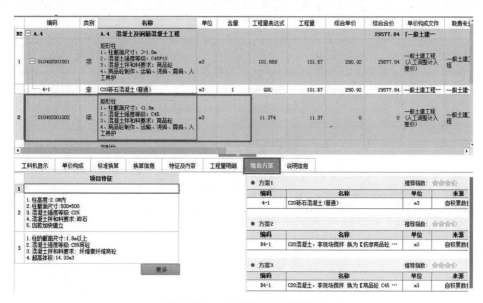

图 2-5-24 点击"组价方案"调用

5)智能组价

为了提高组价的效率,软件提供"智能组价"功能。智能组价的操作步骤:点击"智能组价"选择组价范围(选择整个项目或当前单位工程)和组价依据(选择行业大数据或自积累数据),再点击"立即开始组价"(见图 2-5-25),软件就可以自动根据选择的组价依据对所有的清单项匹配组价。

组价方案中的组价依据有两种:自积累数据是指通过组价方案存档保存的数据;行业大

数据是指云计价后台存放的处理后的数据。

图 2-5-25　点击"立即开始组价"

组价完成后，对于没有匹配定额的清单，软件会给出明细表，如图 2-5-26 所示。

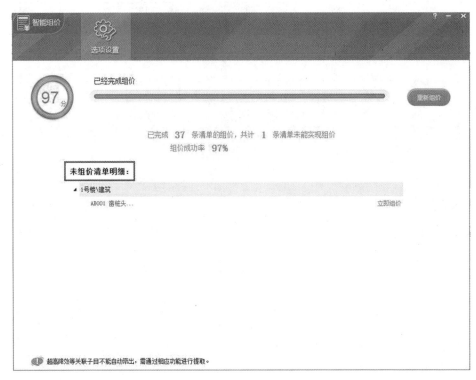

图 2-5-26　未组价清单明细

点击"未组价清单明细"下没有组价的清单后面的"立即组价"可直接定位到该清单项，

用之前讲解的套取定额的方法套取定额,如图 2-5-27 所示。

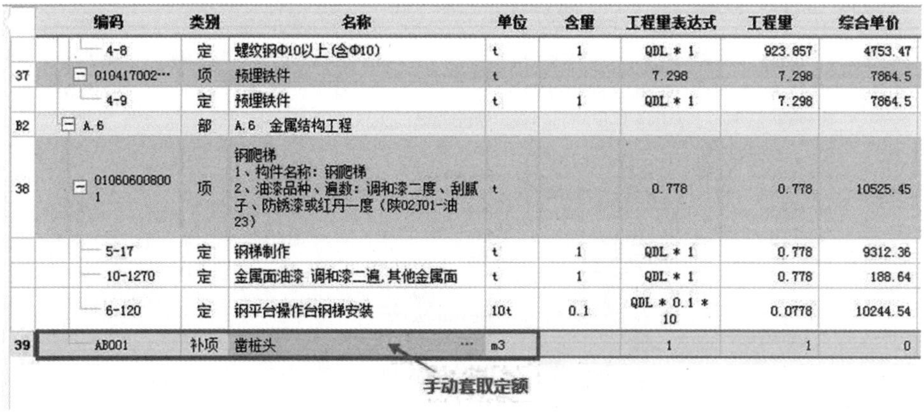

	编码	类别	名称	单位	含量	工程量表达式	工程量	综合单价
	4-8	定	螺纹钢Φ10以上(含Φ10)	t	1	QDL * 1	923.857	4753.47
37	010417002···	项	预埋铁件	t			7.298	7864.5
	4-9	定	预埋铁件	t	1	QDL * 1	7.298	7864.5
B2	A.6	部	A.6 金属结构工程					
38	010606008001	项	钢爬梯 1、构件名称:钢爬梯 2、油漆品种、遍数:调和漆二度、刮腻子、防锈漆或红丹一度(陕02J01-油23)	t			0.778	10525.45
	5-17	定	钢梯制作	t	1	QDL * 1	0.778	9312.36
	10-1270	定	金属面油漆 调和漆二遍,其他金属面		1	QDL * 1	0.778	188.64
	6-120	定	钢平台操作台钢梯安装	10t	0.1	QDL * 0.1 * 10	0.0778	10244.54
39	AB001	补项	凿桩头	m3		1	1	0

手动套取定额

图 2-5-27 对未组价清单手动套取定额

6)其他

(1)临时删除。

在组价过程中,需要对套取的定额进行对比时,软件提供了"临时删除"功能,操作方法是选择对应的子目单击鼠标右键,点击"临时删除",如图 2-5-28 所示。

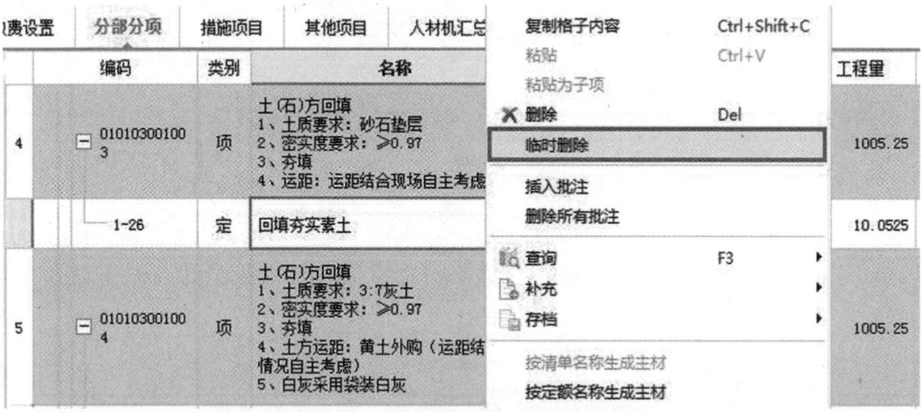

图 2-5-28 点击"临时删除"

删除后,清单项的综合单价不包含该子目的费用,如图 2-5-29 所示。

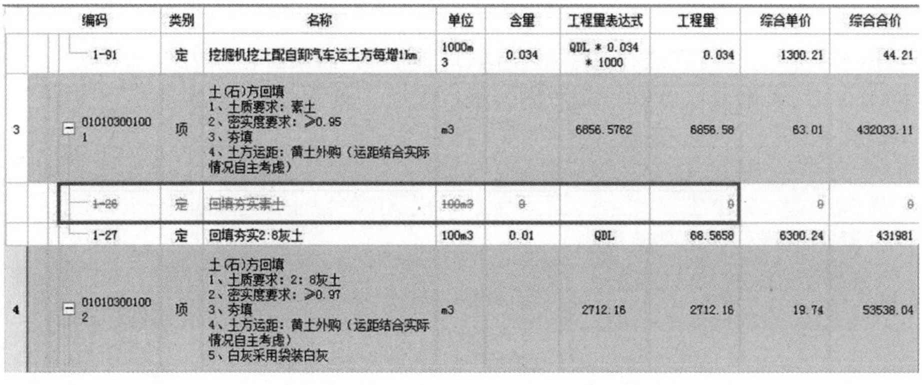

	编码	类别	名称	单位	含量	工程量表达式	工程量	综合单价	综合合价
	1-91	定	挖掘机挖土配自卸汽车运土方每增1km	1000m3	0.034	QDL * 0.034 * 1000	0.034	1300.21	44.21
3	010103001001	项	土(石)方回填 1、土质要求:素土 2、密实度要求:≥0.95 3、夯填 4、土方运距:黄土外购(运距结合实际情况自主考虑)	m3			6856.5782	6856.58	63.01	432033.11
	~~1-26~~	定	~~回填夯实素土~~	~~100m3~~	~~0~~		~~0~~	~~0~~	~~0~~
	1-27	定	回填夯实:8灰土	100m3	0.01	QBL	68.5658	6300.24	431581
4	010103001002	项	土(石)方回填 1、土质要求:2:8灰土 2、密实度要求:≥0.97 3、夯填 4、土方运距:黄土外购(运距结合实际情况自主考虑) 5、白灰采用袋装白灰	m3			2712.16	2712.16	19.74	53538.04

图 2-5-29 清单项的综合单价不包含该子目的费用

确定保留子目时,单击鼠标右键,点击"取消临时删除"(见图 2-5-30);确定删除子目时,单击鼠标右键,点击"删除"。

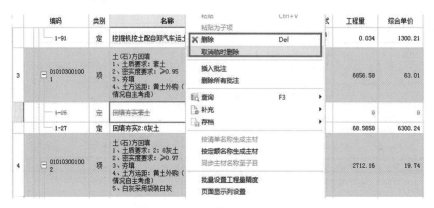

图 2-5-30　点击"取消临时删除"

(2)颜色标记、批注、过滤。

在实际组价过程中,如果想对某些清单项进行标注(如在组价过程中,对清单项的组价有疑虑),软件提供了颜色标记功能,如图 2-5-31 所示。

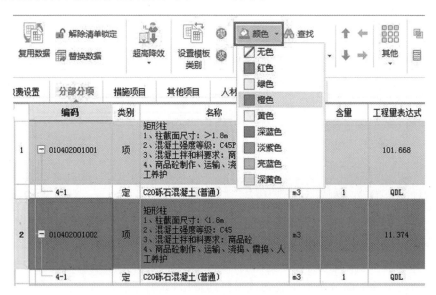

图 2-5-31　点击"颜色"进行标记

如果需要对标记的内容进行文字批注,软件提供了"插入批注"功能,操作方法是选中需要批注的清单项,单击鼠标右键,点击"插入批注",输入批注信息,如图 2-5-32 所示。

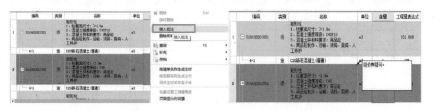

图 2-5-32　点击"插入批注"进行批注

如果希望软件界面只显示标记的内容,软件提供了"过滤"功能,如图 2-5-33 所示。

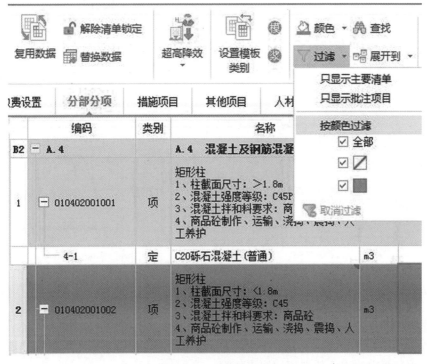

图 2-5-33 "过滤"功能

> **练习**
> 根据图纸完成投标项目分部分项清单组价。

2. 措施项目组价

措施项目的组价方式分为计算公式组价、定额组价,如图 2-5-34 所示。

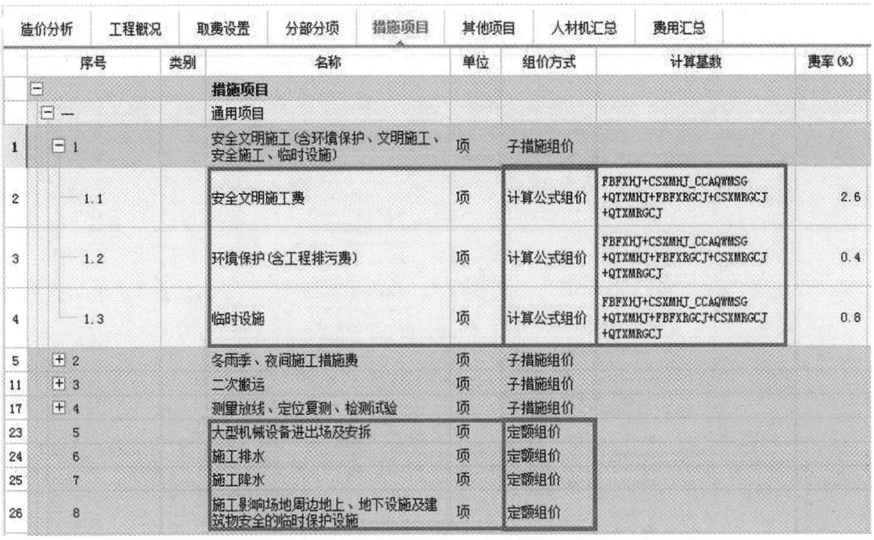

图 2-5-34 "措施项目组价"界面

1）计算公式组价

计算公式组价是指按照计算基数和费率，如安全文明施工费有规定的计算基数和费率（安全文明施工费为不可竞争费用，招标或投标时的计算基数和费率都不可以修改，冬雨季夜间施工、二次搬运、测量放线在做招标最高限价时计算基数和费率不可以修改，做投标组价时可以根据实际情况进行修改），如图 2-5-35 所示。

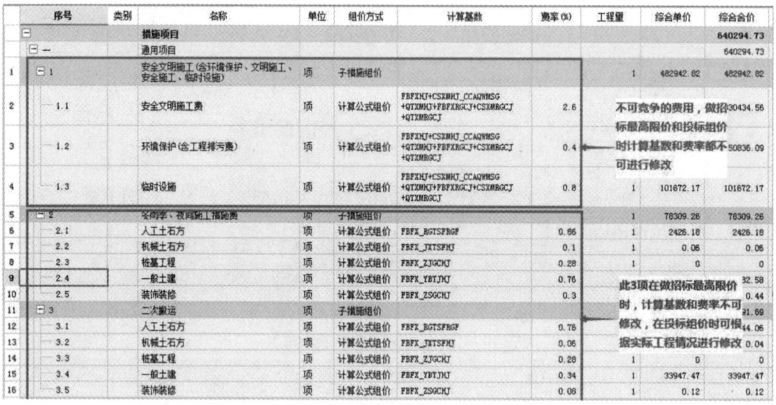

图 2-5-35 计算公式组价

2）定额组价

组价方式为定额组价的，下方可以套取定额。接下来，我们介绍两种常见的措施项目。

（1）土建专业中的脚手架费用记取。

选中脚手架，点击鼠标右键，点击"插入子目"，如图 2-5-36 所示。

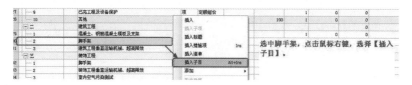

图 2-5-36 在"脚手架"项下点击"插入子目"

出现空白子目行后，双击空白子目行，会弹出"查询"对话框，在"查询"对话框中双击需要套取的子目，如图 2-5-37 所示。

图 2-5-37 在"查询"对话框双击需要套取的子目

(2)提取模板子目。

分部分项部分套用了混凝土子目,对应的模板子目是一笔措施费,在措施项目中提取。在措施项目界面,点击“提取模板子目”功能,在弹出的对话框中有混凝土子目和模板子目,我们需要根据分部分项的信息选择对应的“模板类别”,双击鼠标左键,点击倒三角按钮,在下拉框中选择对应的模板子目(高度超过 3.6 m 时还要记取超高模板),如图 2-5-38 所示。

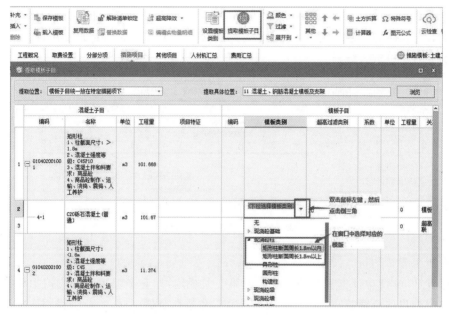

图 2-5-38 点击“提取模板子目”

各构件对应的模板,以及超高模板选择完后,点击“确定”,选择的模板及超高模板会自动对应到措施项目界面的“混凝土、钢筋混凝土模板及支架”下面,如图 2-5-39 所示。

	序号	类别	名称	单位	组价方式	计算基数	费率(%)	工程量	综合单价
21	4.4		一般土建	项	计算公式组价	FBFX_YBTJHJ	0.42	1	150.3
22	4.5		装饰装修	项	计算公式组价	FBFX_ZSGCHJ	0.42	1	0
23	5		大型机械设备进出场及安拆	项	定额组价			1	0
24	6		施工排水	项	定额组价			1	0
25	7		施工降水	项	定额组价			1	0
26	8		施工影响场地周边地上、地下设施及建筑物安全的临时保护设施	项	定额组价			1	0
27	9		已完工程及设备保护	项	定额组价			1	0
28	10		其他	项	计算公式组价		100	1	0
	二		建筑工程						
29	11		混凝土、钢筋混凝土模板及支架	项	定额组价			1	50027.08
	4-31	定	现浇构件模板 矩形柱断面周长1.8m以内	m3				101.67	441.14
	4-69	定	现浇构件模板 层高超过3.6m每增加1m 墙、柱	m3				101.67	21.97
	4-32	定	现浇构件模板 矩形柱断面周长1.8m以上	m3				11.37	258.81

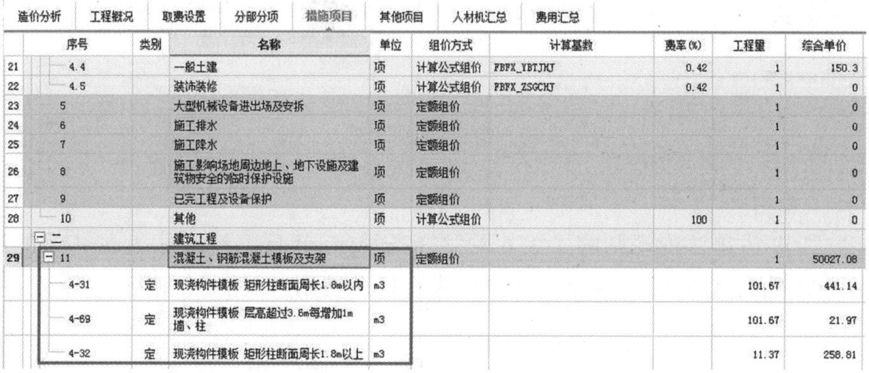

图 2-5-39 选择的模板自动对应

温馨提示

模板不属于工程实体,所以在套用的时候一定要注意不要在分部分项界面套用,在措施项目界面利用“提取模板子目”功能可以快速提取;模板工程量也可以联动提取各构件的混凝土工程量,如果提取模板子目完成后,分部分项界面某构件的混凝土子目的工程量进行了调整,无须重新提取,模板子目工程量会自动联动混凝土子目的工程量。

> **练习**
> 根据图纸完成投标项目措施项目组价。

3. 其他项目组价

1) 暂列金额

陕西省 2009 清单计价规则的 4.3.6 的第 1 条规定,暂列金额应按招标人在其他项目清单中列出的金额填写,如图 2-5-40 所示。暂列金额是由甲方列项确定的,编制投标组价或招标最高限价时不可进行编辑。

图 2-5-40　编辑"暂列金额"

2) 专业工程暂估价

陕西省 2009 清单计价规则的 4.3.6 的第 2 条规定:专业工程暂估价应按招标人在其他项目清单中列出的金额填写,如图 2-5-41 所示。和暂列金额一样,专业工程暂估价是由甲方列项确定的,编制投标组价或招标最高限价时不可进行编辑。

图 2-5-41　编辑"专业工程暂估价"

3) 计日工费用

陕西省 2009 清单计价规则的 4.3.6 的第 3 条规定,计日工按招标人在其他项目清单中列出的项目和数量,自主确定综合单价并计算计日工费用,如图 2-5-42 所示。

图 2-5-42　编辑"计日工费用"

4）总承包服务费

总承包服务费是指总承包人为配合、协调建设单位进行专业工程发包，对建设单位自行采购的材料、工程设备等进行保管，对施工现场进行管理，对竣工资料进行汇总整理等所需的费用，如图2-5-43所示。

图2-5-43 编辑"总承包服务费"

> **练习**
> 根据图纸完成投标项目其他项目组价。

2.5.3 人材机汇总

采用清单计价的工程造价由五部分组成，即分部分项合计、措施项目合计、其他项目合计、规费、税金。前三部分编辑完后，基本就完成了编制。规费和税金是不可竞争费，软件已经按照国家或者相关政府部门发布的内容内置了规费和税金。组价过程中使用的定额价是在某个时期编制的，与工程实际发生期的价格（也就是我们所说的市场价）有区别。在软件的人材机汇总界面，我们可以载入市场价，也可以手动输入市场价。

1. 载入市场价

在市场价调整时，软件可采用"批量载价"功能（见图2-5-44）快速完成材料价格的调整。

图2-5-44 "批量载价"功能

批量载价界面提供了三种价格信息，即信息价、市场价、专业测定价，应根据实际工程的需要，选择需要载入的价格，如图 2-5-45 所示。

图 2-5-45 "批量载价"界面

> **温馨提示**
> 购买了广材数据包的用户才可以在批量载价界面使用"市场价""专业测定价"。需要覆盖已调价材料的价格时勾选右下角的"覆盖已调价材料价格"，反之不勾选。

点击"下一步"之后，软件自动根据选择的价格信息（如选择信息价）中的材料匹配工程中的材料，提供"主要材料载价"和"辅材载价"功能，如图 2-5-46 所示。

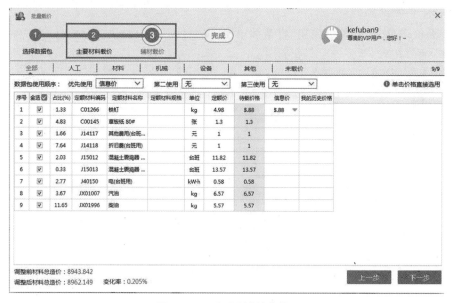

图 2-5-46 点击"辅材载价"

确定主要材料价格、辅助材料价格后,点击"下一步",软件会自动计算本次载入的材料价格对材料总造价的影响,如图 2-5-47 所示。

图 2-5-47　计算载入的材料价格对材料总造价的影响

2. 载入历史工程市场价文件

同一时期做的工程,单位工程组价之后的材料和机械种类相似,在做第二个工程时,人材机的市场价可以调用第一个单位工程的市场价信息,如图 2-5-48 所示。

图 2-5-48　点击"载入历史工程市场价文件"

3. 载入 Excel 市场价文件

幸福小区工程有两个单项工程。1 号楼的土建工程做完后,我们可以利用"保存 Excel 市场价文件"功能,对当前的市场价进行保存,操作步骤是点击"保存 Excel 市场价文件",在弹出的"另存为"窗口选择保存路径并输入文件名,如图 2-5-49 所示。

图 2-5-49 点击"保存 Excel 市场价文件"

2 号楼的土建工程在调整人材机市场价的时候,只需要将保存的 Excel 市场价文件导入,操作步骤是点击"载入 Excel 市场价文件"按钮,在弹出"导入 Excel 市场价文件"窗口选择之前保存的 Excel 市场价文件,如图 2-5-50 所示。

图 2-5-50 点击"载入 Excel 市场价文件"

> **练习**
>
> 根据图纸完成投标项目人材机汇总。

4.设置主要材料

设置主要材料的方法有两种:自动设置主要材料、从人材机汇总中选择。

1)自动设置主要材料

在人材机汇总界面,选择"主要材料表",点击"自动设置主要材料",软件提供了两种设置方式,用户根据实际主要材料的需求,选择并输入相应的值,如图 2-5-51 所示。

图 2-5-51　点击"自动设置主要材料"

2)从人材机汇总中选择

当直接指定某些材料为主要材料时,可以手动从人材机汇总中选择主要材料,勾选需要设置成主要材料的材料,点击"确定",如图 2-5-52 所示。

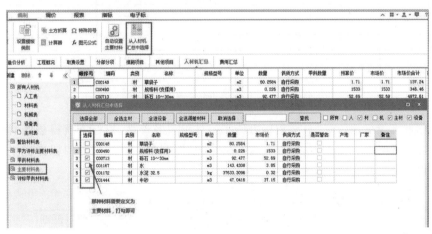

图 2-5-52　点击"从人材机汇总中选择"

例如,在当前工程中,砾石为甲供材料,选中"砾石",单击"供货方式"列单元格,在下拉选项中选择"完全甲供",如图 2-5-53 所示。

图 2-5-53　选择砾石为甲供材料

点击“甲供材料表”可以查看设置结果，如图 2-5-54 所示。

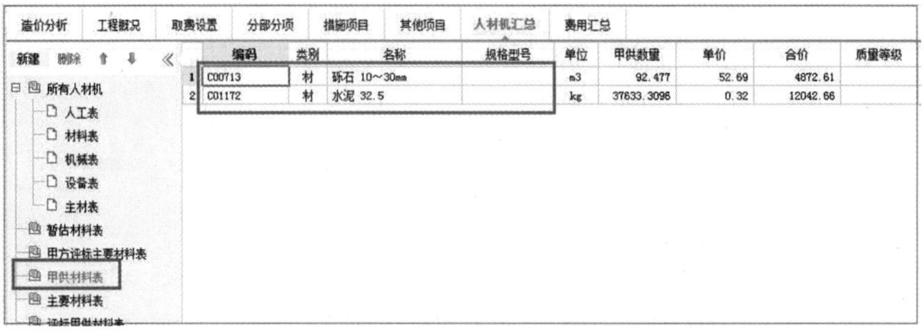

图 2-5-54　点击“甲供材料表”查看设置结果

5. 暂估材料

暂估价是招标方提供范围和暂估价格供投标方报价时使用的，有两个要点：①招标方如何利用软件来设置；②投标方如何使用招标方提供的要暂估的材料。

招标方需要向投标方提供暂估材料表，如图 2-5-55 所示。

工程名称：建筑　　　　专业：土建工程　　　　第 1 页　共 1 页

序号	材料设备编码	名称、规格、型号	计量单位	暂估单价（元）
1	C00713	砾石 10～30mm	m3	55
2	C01172	水泥 32.5	kg	0.35

图 2-5-55　招标方提供的暂估材料表

投标方进行投标报价时，只要招标方给了暂估材料及价格，投标方就得按照所给的内容报价。在人材机汇总界面，材料表里面有“是否暂估”列，投标方应根据招标方提供的暂估材料表选择暂估材料并打钩，如图 2-5-56 所示。

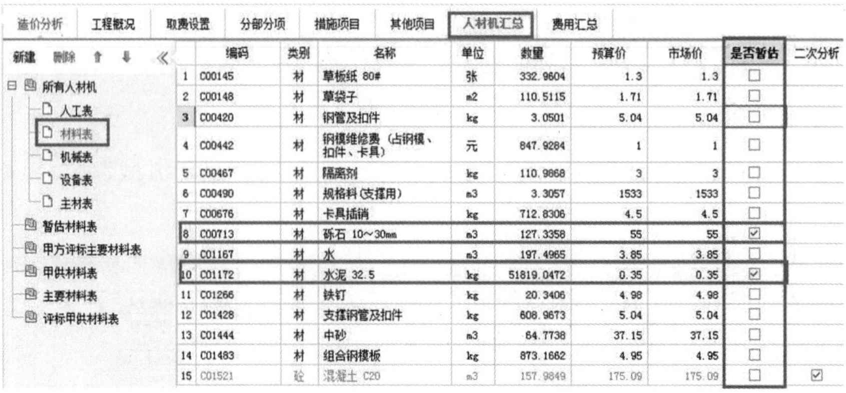

图 2-5-56　根据暂估材料表勾选材料

被勾选的材料会自动归类到“暂估材料表”，如图 2-5-57 所示。

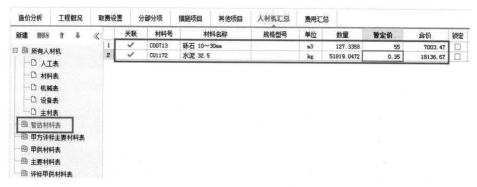

图 2-5-57　被勾选的材料会自动归类到"暂估材料表"

练习

根据图纸完成投标项目主要材料的设置。

6. 费用汇总

点击"费用汇总",切换到费用汇总界面,查看整个单位工程的总造价,如图 2-5-58 所示。

	序号	费用代号	名称	计算基数	基数说明	费率(%)	金额	费用类别	不可竞争费
1	1	A	分部分项工程费	FBFXHJ	分部分项合计		35,785.07	分部分项工程费	☐
2	2	B	措施项目费	CSXMHJ	措施项目合计		77,924.44	措施项目费	☐
3	2.1	E	其中：安全文明施工措施费	AQWMSGF	安全及文明施工措施费		77,380.50	安全及文明施工措施费	☑
4	3	C	其他项目费	QTXMHJ	其他项目合计		2,000,000.00	其他项目费	☐
5	4	D	规费	D1+D2+D3+D4+D5+D6+D7+D8	养老保险+失业保险+医疗保险+工伤保险+残疾人就业保险+女工生育…		98,710.23	规费	☐
6	4.1		社会保障费	D1+D2+D3+D4+D5+D6	养老保险+失业保险+医疗保险+工伤保险+残疾人就业保险+女工生育…		90,889.50	社会保障费	☐
7	4.1.1	D1	养老保险	A+B+C	分部分项工程费+措施项目费+其他项目费	3.55	75,036.69	养老保险	☑
8	4.1.2	D2	失业保险	A+B+C	分部分项工程费+措施项目费+其他项目费	0.15	3,170.56	失业保险	☑
9	4.1.3	D3	医疗保险	A+B+C	分部分项工程费+措施项目费+其他项目费	0.45	9,511.69	医疗保险	☑
10	4.1.4	D4	工伤保险	A+B+C	分部分项工程费+措施项目费+其他项目费	0.07	1,479.60	工伤保险	☑
11	4.1.5	D5	残疾人就业保险	A+B+C	分部分项工程费+措施项目费+其他项目费	0.04	845.48	残疾人就业保险	☑
12	4.1.6	D6	女工生育保险	A+B+C	分部分项工程费+措施项目费+其他项目费	0.04	845.48	女工生育保险	☑
13	4.2	D7	住房公积金	A+B+C	分部分项工程费+措施项目费+其他项目费	0.3	6,341.13	住房公积金	☑
14	4.3	D8	危险作业意外伤害保险	A+B+C	分部分项工程费+措施项目费+其他项目费	0.07	1,479.60	危险作业意外伤害保险	☑
15	5	F	不含税单位工程造价	A+B+C+D	分部分项工程费+措施项目费+其他项目费+规费		2,212,419.74	不含税单位工程造价	☐
16	6	G	税金	A+B+C+D	分部分项工程费+措施项目费+其他项目费+规费	3.48	76,992.21	税金	☑
17	7	H	含税单位工程造价	F+G	不含税单位工程造价+税金		2,289,411.95	单位工程造价	☐
18	8	I	扣除养老保险后含税单位工程造价	H-D1	含税单位工程造价-养老保险		2,214,375.26	扣除养老保险后含税单位工程造价	☐

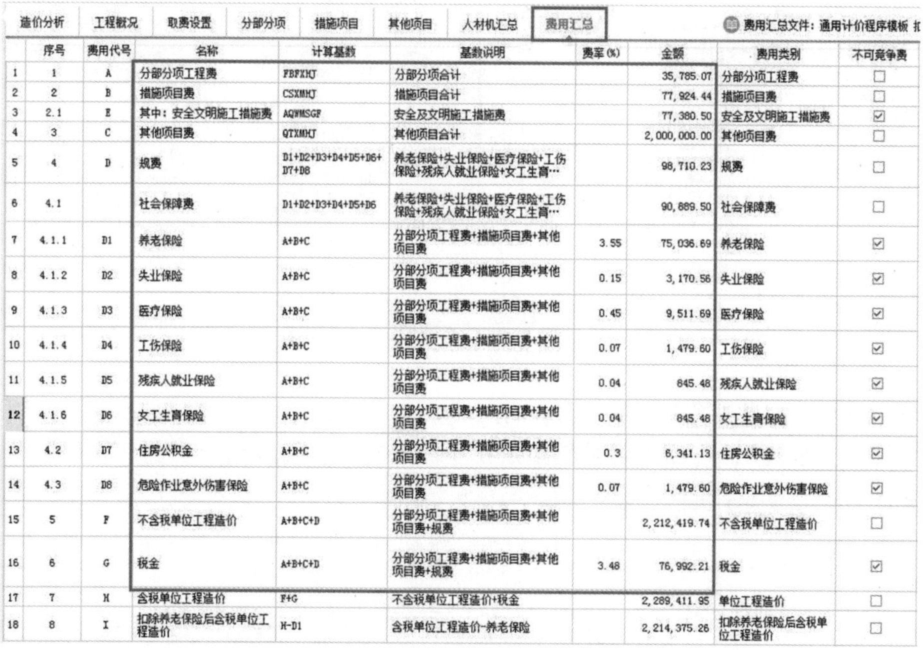

图 2-5-58　点击"费用汇总"

温馨提示

在西安市进行招投标时,费用汇总不可以进行修改,在刻制光盘时,所有项都会被检测,如果差项、多项,刻制光盘就会不成功;在其他地区进行招投标时,除不可竞争项(规费、税金)外,招标方可以进行适当调整。

> **练习**
>
> 根据图纸完成投标项目费用汇总。

7. 安装特性

1) 子目关联

安装专业的管道类在软件中有个"子目关联"功能,很方便,可以将管道的刷油、防腐等子目和工程量一起输入。

例如,选择 030801005002,点击"插入",选择"插入子目",在空行的编码列输入 8-6 子目或双击子目空行并在查询窗口选择 8-6 子目,软件会进入子目关联界面,罗列出相关的"管道除锈""管道防腐"的子目,勾选需要套用的子目,点击"确定",如图 2-5-59 所示。

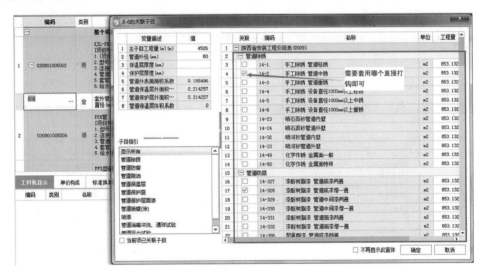

图 2-5-59　进行子目关联

2) 设置安装费用

用户可以在"安装费用"设置中设置高层增加费、系统调试费、脚手架搭拆等费用,操作步骤是点击"安装费用",选择"记取安装费用",如图 2-5-60 所示。

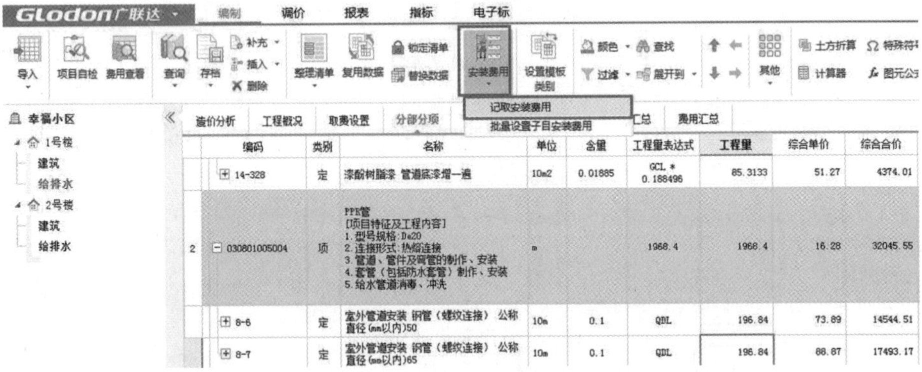

图 2-5-60　设置安装费用

用户可以在类型列选择设置的安装费用的体现方式:费用归属为子目费用,即以子目的形式体现在每条只需要计算此项安装费用的清单下；费用归属为清单费用，即以清单项的形式单独列项，将需要计算此安装费用的金额合计在单独列项的这条清单下。措施费用体现在措施项目中，点击"计取安装费用"后，弹出"统一设置安装费用"界面窗口，在计取安装费用窗口里勾选需要计取的费用项，如图 2-5-61 所示。

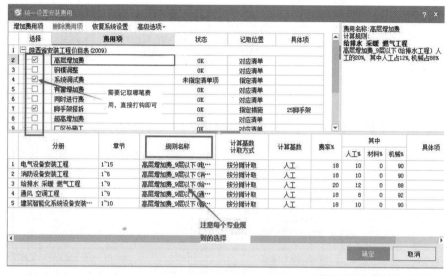

图 2-5-61　在统一设置安装费用界面勾选费用项

> **温馨提示**
>
> 　　实际在做工程时，一定要注意统一设置安装费用界面下方的规则说明，如给排水专业中计取高层增加费时，软件默认的楼层是 9 层以下，以人工为计算基数，费率是 20%，其中人工费占 12%，机械费占 88%；当楼层是 16～18 层时，以人工为计算基数，费率是 38%，其中人工费占 18%，机械费占 82%。所以在做实际工程时一定要根据实际情况在规则说明位置进行调整，否则会影响造价。

> **练习**
>
> 　　根据图纸完成投标项目的安装特性。

2.5.4　调价

1. 费率调整（管理费费率、利润费率调整）

　　清单计价也可称为综合单价计价法，是清单项下组价的定额子目经过计算管理费、利润并考虑一定的风险，计算出每条清单项的综合单价，再由综合单价乘以清单的工程量得出综合合价的方法。管理费费率和利润费率可以进行单独调整，也可以进行统一调整。

　　1）单位工程调整

　　在 1 号楼的建筑工程中，将界面切换到"取费设置"，软件默认的管理费和利润是 2009 年的计价费率规定的管理费和利润，如果是投标组价，投标方可根据实际情况进行修改。2009 年的计价费率反映的是社会的平均水平，投标方的管理水平较高时，可根据实际情况进行下调。用户可以针对不同的专业设置管理费费率和利润费率,当设置的费率与默认的不一致时,软件会给出批注提示,如图 2-5-62 所示。

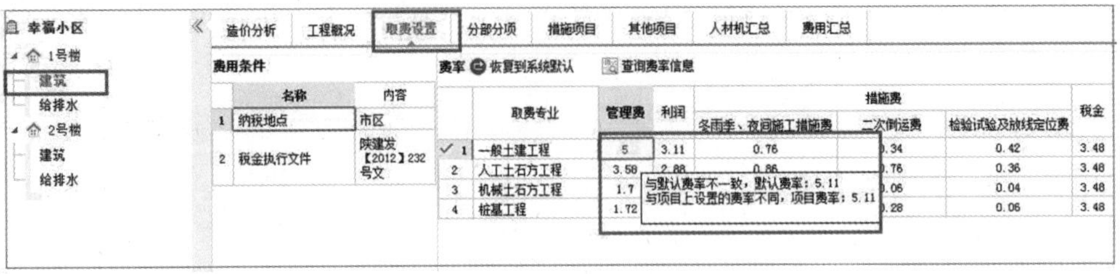

图 2-5-62　软件的批注提示

调整之后,此单位工程的管理费和利润会根据调整之后的费率变化,如图 2-5-63 所示。

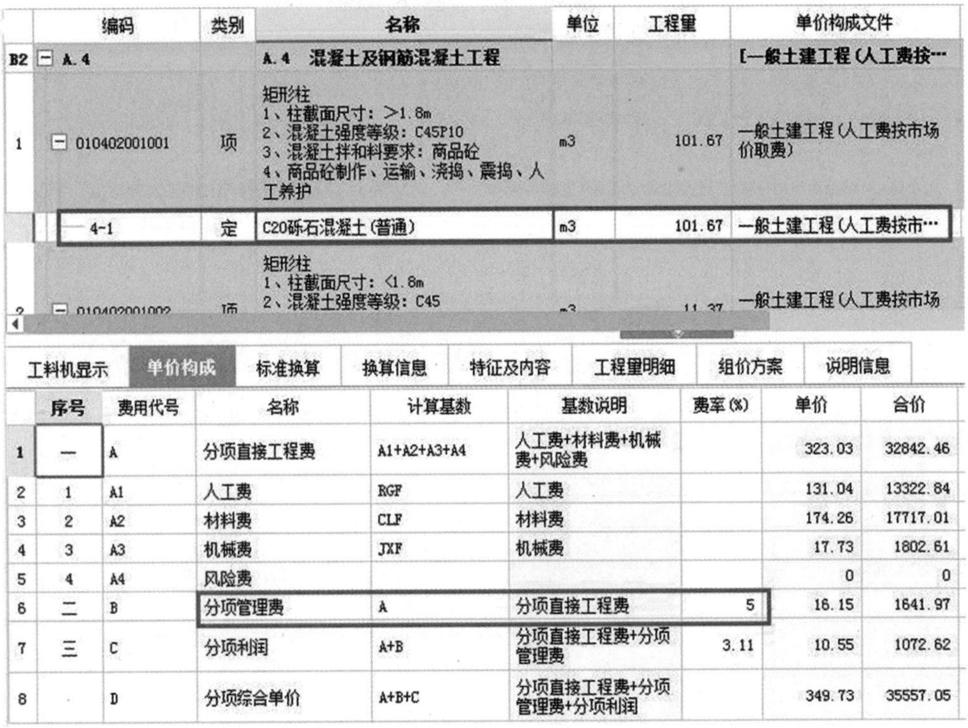

图 2-5-63　管理费和利润根据费率变化

用户有时候需要对这个单位工程中的一项或者几项管理费和利润进行修改,这时可以切换到分部分项界面,选中需要修改的定额子目,点击下面一行的"单价构成",修改管理费和利润的费率,如图 2-5-64 所示。

修改之后,当切换到下一个子目的时候,软件会弹出"确认"对话框供用户确认应用范围(应用到当前项、应用到当前分部、应用到同名称单价构成),用户可以根据实际需要调整的范围选择,如图 2-5-65 所示。

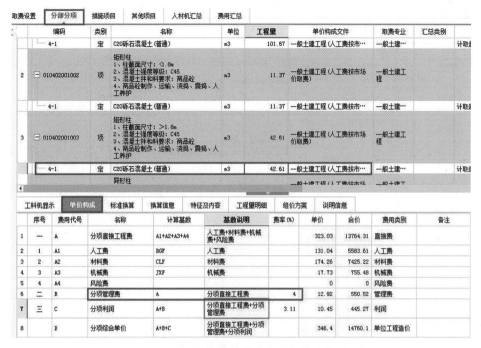

图 2-5-64 修改管理费和利润管理费

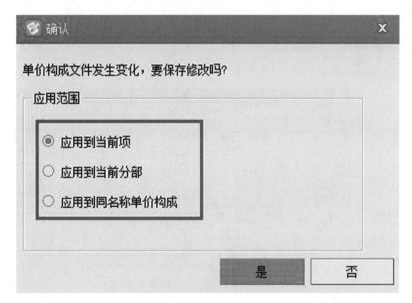

图 2-5-65 点击"应用到当前项"

2)整个项目调整

将工程从单位工程界面切换到项目界面,选择"取费设置",根据专业分类调整管理费和利润的费率。以幸福小区为例,调整之后,整个项目的"一般土建工程"的管理费变为5,如图2-5-66 所示。

整个项目编制完成后,有时需要对人材机的价格以及整个工程总造价进行统一的调整,操作方法是从编制界面切换到调价界面。

图 2-5-66　点击"取费设置"调整管理费的利润

2. 造价费用调整

软件提供了两种造价费用调整方式：指定造价调整、造价系数调整（调价范围可以选单位工程、单项工程或整个项目）。

1）指定造价调整

需要将工程的总造价调整到一定的目标造价时，软件提供了"指定造价调整"功能。在弹出的对话框中输入"目标造价"，选择调整范围（可以选择哪些单项工程参与调价、哪些单项工程不参与调价，软件默认所有单位工程都是参与调价的。在实际工程中，哪个单位工程不需要参与调价，直接去掉后面的"√"即可）、调整方式（人材机单价、人材机含量），如图 2-5-67 所示。

图 2-5-67　点击"指定造价调整"

> **温馨提示**
>
> 在调整的时候，右侧显示了"甲供材料不参与调整""甲定材料不参与调整"选项，一般情况下，甲供材料、甲定材料是不参与调整的，如果参与调整，将后面的"√"去掉即可。

点击"工程造价预览",软件会根据调整的造价,给出调整前造价、调整后造价、调整额,确定无误后,点击"调整"完成指定造价调整,如图 2-5-68 所示。

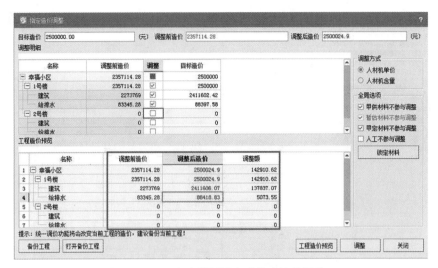

图 2-5-68　点击"调整"完成指定造价调整

2)造价系数调整

需要给工程中的人材机统一乘以一个相同系数时,软件提供了"造价系数调整"功能。

(1)工程中的"人材机单价"统一乘以一个系数,操作方法是在"造价系数调整"界面选择需要调整的工程范围并输入调整系数,如图 2-5-69 所示。

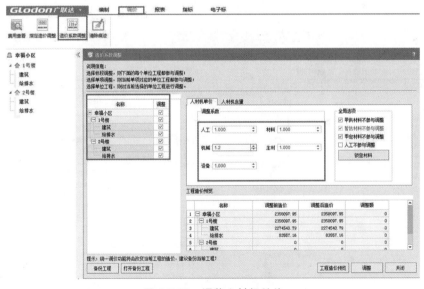

图 2-5-69　调整人材机单价

> **温馨提示**
>
> 在调整的时候,右侧显示了"甲供材料不参与调整""甲定材料不参与调整"选项,一般情况下,甲供材料、甲定材料是不参与调整的,如果参与调整,将后面的"√"去掉即可。

系数输入完成后,点击"工程造价预览",软件会根据调整系数进行调整并给出调整前造价、调整后造价、调整额,确定无误后,点击"调整"完成人材机单价调整,如图 2-5-70 所示。

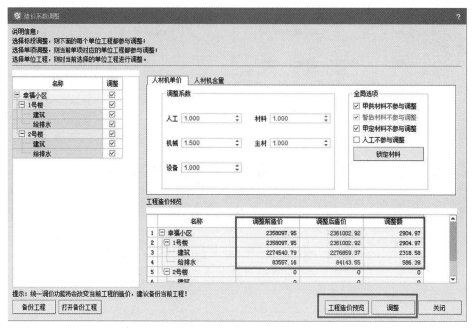

图 2-5-70　点击"调整"完成人材机单价调整

(2)工程中的人材机含量统一乘以一个相同系数,操作方法与人材机单价统一乘以一个系数相似,如图 2-5-71 所示。

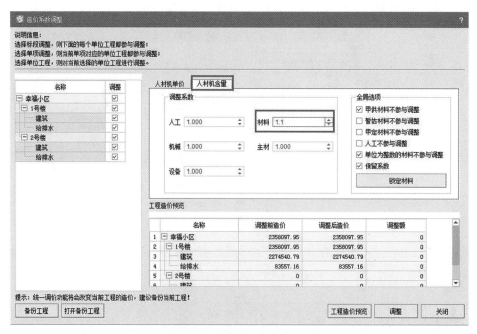

图 2-5-71　调整人材机含量

> **练习**
> 根据投标项目完成调价。

3. 人材机价格调整

1）逐项调整

用户可以在分部分项界面将整个项目、一个分部或一条清单人材机乘以不同的系数，软件会自动对比调整前后的综合单价和综合合价，如图 2-5-72 所示。

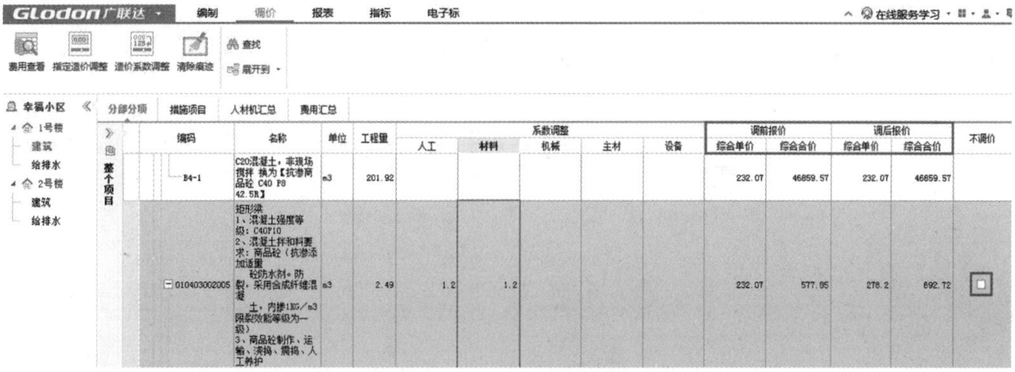

图 2-5-72 逐项调整

2）人材机市场价乘系数

在"调价"页签的人材机汇总界面，软件提供了对人材机的最终价格进行调整的功能，给出了"调前市场价"和"调后市场价"并且会自动显示"调整系数"，如图 2-5-73 所示。调整完成后点击"应用修改"，可以将修改直接关联到工程中的人材机中。调整完毕后，"清除痕迹"功能可清除调整过程中输入的系数，使"调前市场价"与"调后市场价"保持一致。（可以针对单位工程调整，也可以调整一个项目。）

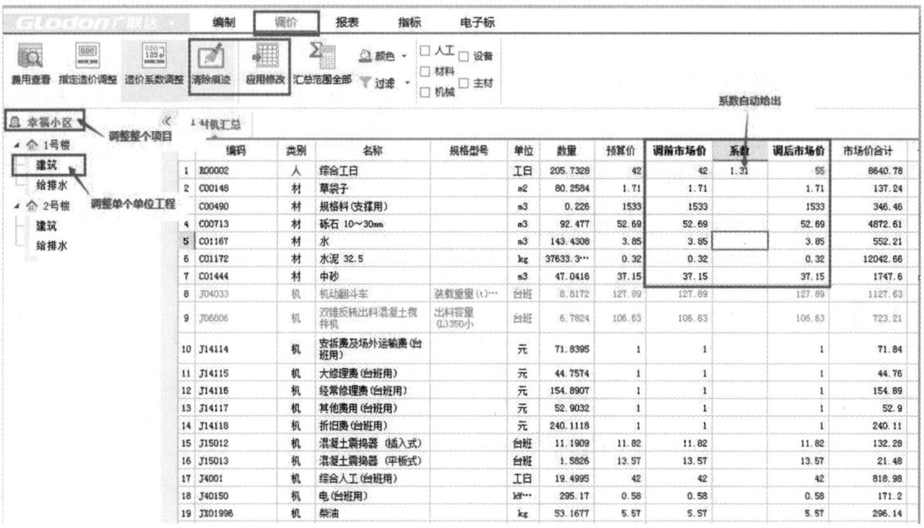

图 2-5-73 人材机市场价乘系数

软件操作：使用 Shift 键或者 Ctrl 键点选需要统一调整的人材机，点击"调整市场价系数"，在"确认"对话框中直接点击"否"，在"设置系数"对话框中输入需要调整的系数，如图 2-5-74 所示。

图 2-5-74　调整市场价系数

输入系数后，点击"确定"，选中要调整的材料市场价的单元格，软件会根据输入的系数进行调整，如图 2-5-75 所示。

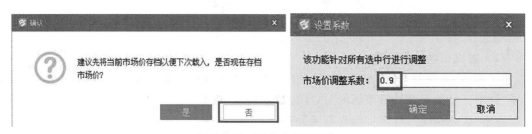

图 2-5-75　点击"确定"完成市场价系数调整

> **练习**
>
> 根据图纸完成投标项目人材机价格的调整。

4.报表

点击"报表"切换到报表界面在左侧三级项目管理位置用鼠标左键点击哪一级,右侧对应的就是哪一级的报表,如选择项目级"幸福小区",右侧就是整个项目的报表,如图2-5-76所示。

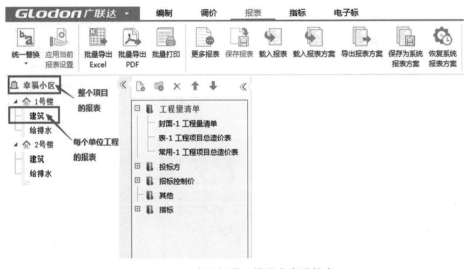

图 2-5-76　在三级项目管理中查看报表

> **温馨提示**
>
> 单位工程中招标方和投标方的报表都是按照规范中的报表格式内置的。

用户以在报表界面批量导出报表、批量打印报表。点击导出或打印的功能键,如图2-5-77所示。

图 2-5-77　批量导出和打印报表

勾选要导出的报表(在勾选报表时,软件提供"选择同名报表"功能,方便快速选择),如图 2-5-78 所示。

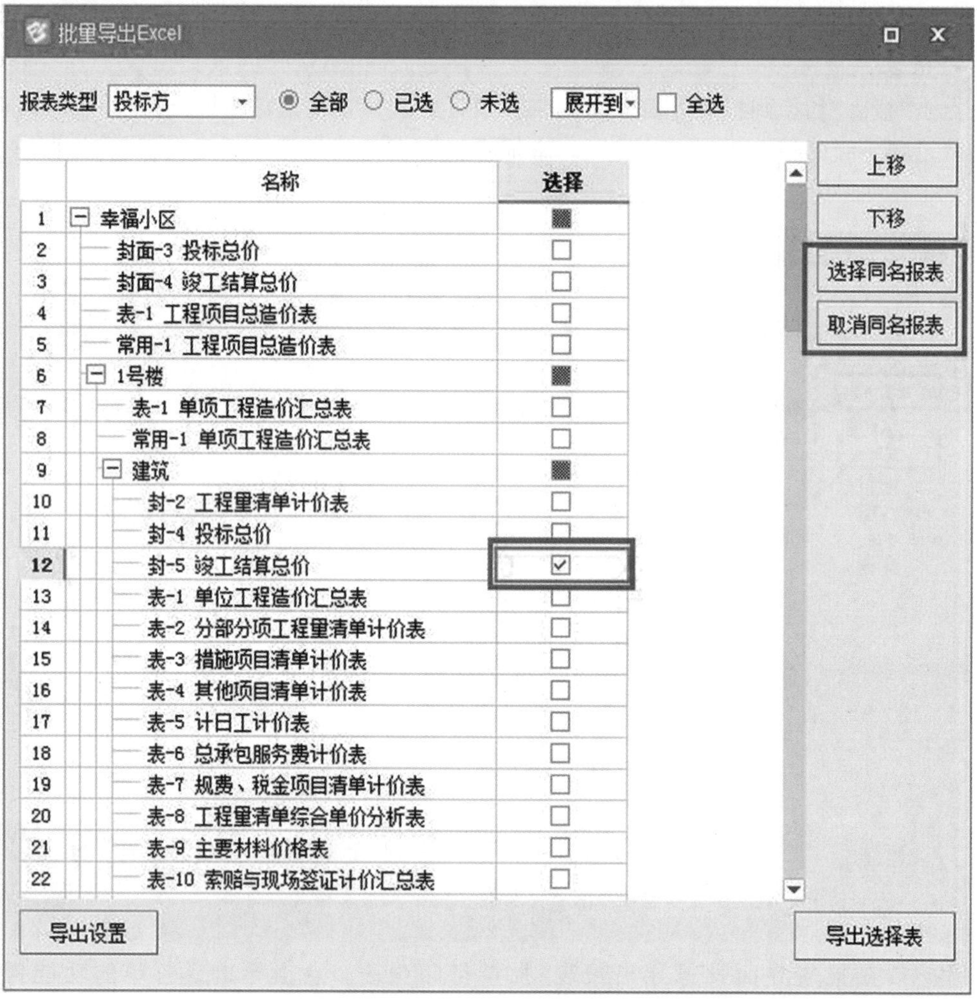

图 2-5-78 勾选要导出的报表

点击"导出选择表"或"打印选择表"完成导出或打印。

> **温馨提示**
> 根据图纸完成投标项目的报表输出。

5. 指标

1) 指标分析

整个项目组价、调价完成后,软件提供了"指标分析"功能。切换到指标界面,在"计算口径"中选择"建筑面积",然后在下方的"计算口径设置"中输入项目、每个单项工程的建筑面积,如 1 号楼、2 号楼的建筑面积,如图 2-5-79 所示。

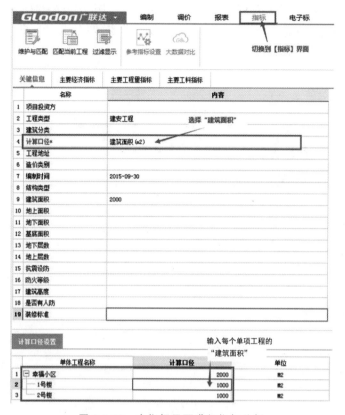

图 2-5-79　在指标界面进行指标分析

软件可以按照造价信息和建筑面积分析幸福小区整个项目的主要经济指标，可以从三个维度(按工程、按专业、按费用)进行分析，如图 2-5-80 所示。

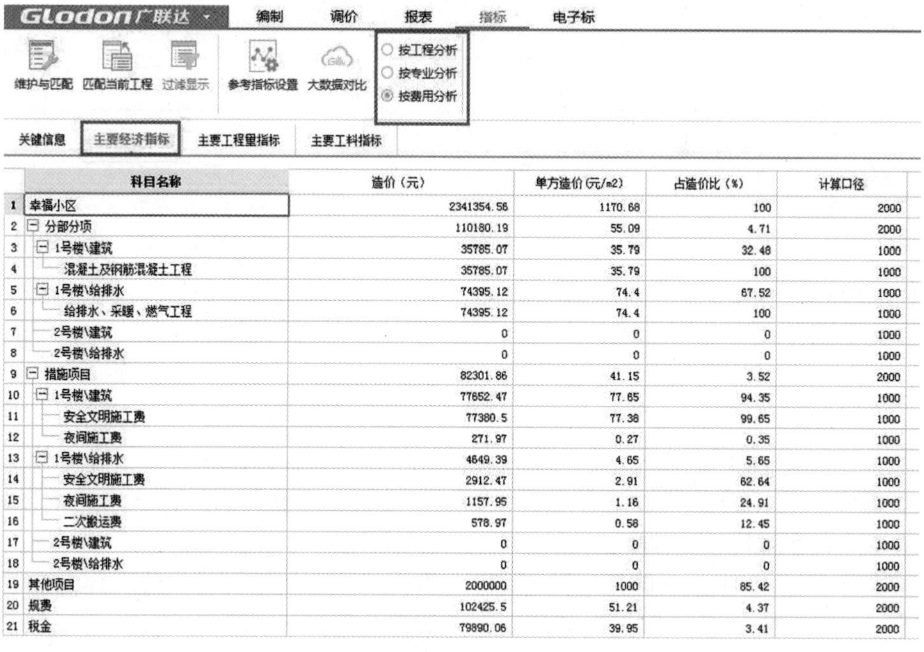

	科目名称	造价(元)	单方造价(元/m2)	占造价比(%)	计算口径
1	幸福小区	2341354.56	1170.68	100	2000
2	分部分项	110180.19	55.09	4.71	2000
3	1号楼\建筑	35785.07	35.79	32.48	1000
4	混凝土及钢筋混凝土工程	35785.07	35.79	100	1000
5	1号楼\给排水	74395.12	74.4	67.52	1000
6	给排水、采暖、燃气工程	74395.12	74.4	100	1000
7	2号楼\建筑	0	0	0	1000
8	2号楼\给排水	0	0	0	1000
9	措施项目	82301.86	41.15	3.52	2000
10	1号楼\建筑	77652.47	77.65	94.35	1000
11	安全文明施工费	77380.5	77.38	99.65	1000
12	夜间施工费	271.97	0.27	0.35	1000
13	1号楼\给排水	4649.39	4.65	5.65	1000
14	安全文明施工费	2912.47	2.91	62.64	1000
15	夜间施工费	1157.95	1.16	24.91	1000
16	二次搬运费	578.97	0.58	12.45	1000
17	2号楼\建筑	0	0	0	1000
18	2号楼\给排水	0	0	0	1000
19	其他项目	2000000	1000	85.42	2000
20	规费	102425.5	51.21	4.37	2000
21	税金	79890.06	39.95	3.41	2000

图 2-5-80　按费用分析主要经济指标

软件也可以分析主要工程量指标、主要工料指标,如图 2-5-81 和图 2-5-82 所示。针对主要工程量指标和主要工料指标,软件提供两种分析方式,即按工程分析、按专业分析。

科目名称	工程量	单方量
1 幸福小区		
2 　1号楼		
3 　　建筑		
4 　　　土石方	13341.99	13.342
5 　　　混凝土	1913.09	1.9131
6 　　　钢筋	1655364	1655.364
7 　　　砌体	4075.97	4.076
8 　　　给排水		
9 　2号楼		
10 　　建筑		
11 　　　土石方	16010.38	16.0104
12 　　　混凝土	2295.7	2.2957
13 　　　钢筋	1986435	1986.435
14 　　　砌体	4891.16	4.8912
15 　　　给排水		

图 2-5-81　按工程分析主要工程量指标

科目名称	工程量	单方量
1 幸福小区		
2 　土建工程		
3 　　人工	205.7328	0.1029
4 　　水泥	37.6333096	0.0188
5 　安装工程		
6 　　人工	840.555	0.4203
7 　　排水管	39.7564	0.0199

图 2-5-82　按专业分析主要工料指标

2)指标对比(大数据对比)

软件提供"大数据对比"功能,将本工程"幸福小区"的指标与大数据库中的指标进行对比,分析本工程的指标是否合理。

操作步骤:分析出本工程的指标后,点击"大数据对比",选择要对比的工程项目信息(如工程类型、工程区域、工程层数等),如图 2-5-83 和图 2-5-84 所示。

项目2　广联达云计价平台GCCP5.0软件应用

	科目名称	造价（元）	单方造价（元/m2）	占造价比（%）
1	幸福小区	2214045.29	1107.02	100
2	分部分项	32851.69	16.43	1.48
3	1号楼\建筑	32851.69	32.85	100
4	混凝土及钢筋混凝土工程	32851.69	32.85	100
5	1号楼\给排水	0	0	0
6	2号楼\建筑	0	0	0
7	2号楼\给排水	0	0	0
8	措施项目	77618.63	38.81	3.51
9	1号楼\建筑	77618.63	77.62	100
10	安全文明施工费	77368.96	77.37	99.68
11	夜间施工费	249.67	0.25	0.32
12	1号楼\给排水	0	0	0
13	2号楼\建筑	0	0	0
14	2号楼\给排水	0	0	0
15	其他项目	2000000	1000	90.33
16	规费	98695.54	49.35	4.46
17	税金	76980.73	38.49	3.48

图 2-5-83 "大数据对比"功能界面

图 2-5-84 选择要对比的工程项目信息

软件会根据输入的工程详细信息，筛选出大数据库中的相似工程，根据相似工程的指标列出"云指标区间"，将本工程的指标与"云指标区间"进行对比（不在区间之内的，软件用红颜色显示，用户可以根据工程的实际情况判断此指标是否需要调整），如图 2-5-85 所示。

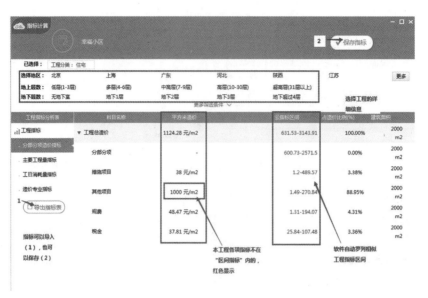

图 2-5-85　大数据对比结果

> **练习**
> 根据图纸完成投标项目指标的调整。

6.电子标

1）项目自检

在投标书编制、调整完成后，软件提供"项目自检"功能，根据工程所需要通过的电子平台的要求，检查是否存在不符的项。

切换到电子标界面，选择"项目自检"功能键，在弹出的对话框中选择检查区域（陕西、西安），再点击"执行检查"，如图2-5-86 所示。

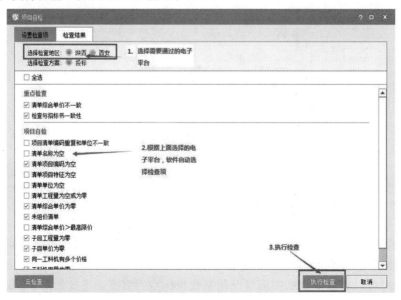

图 2-5-86　"项目自检"操作界面

点击"执行检查"后,软件会根据勾选的检查项,对整个工程进行检查,如图2-5-87所示。对于不符的、要修改的项,用户可以直接双击定位到问题项或者通过右键复制粘贴。

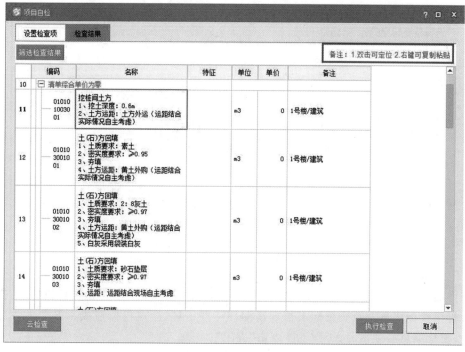

图2-5-87 对整个工程进行检查

2)生成电子投标书

点击"生成投标书",会弹出"确认"对话框,提示我们要进行自检,如果已经自检过了或者觉得不需要自检,可以点击"否",进行下一步操作,如图2-5-88所示。

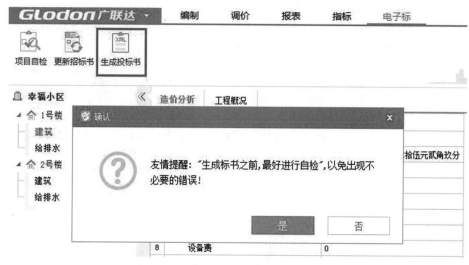

图2-5-88 点击"生成投标书"后的"确认"对话框

选择存放的位置,点击"确定",如图2-5-89所示。

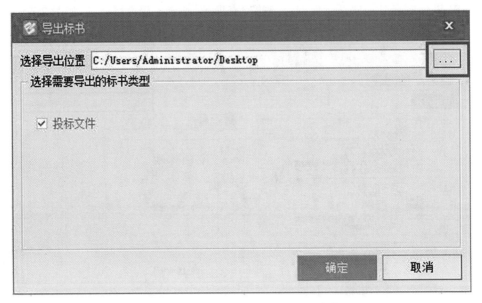

图 2-5-89　选择存放的位置并点击"确定"

在弹出的"投标信息"对话框中输入投标信息，如图 2-5-90 所示。在进行投标时，投标人都需要提供投标信息。纸质投标书很容易漏掉一些信息，会对投标造成不必要的失分。在软件中，投标信息必须填写，否则不能点击"确定"。

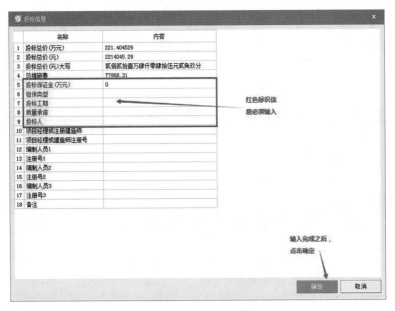

图 2-5-90　输入投标信息

点击"确定"之后，软件会提示总报价，并在选择的存放路径下生成一个"幸福小区_投标书"的文件夹，包含 TBS 文件、TBS3 文件、投标的工程文件。和生成的招标文件相同，TBS 文件为陕西省建设工程招标投标管理办公室要求的统一数据格式，TBS3 文件是采用西安市标准或网上招投标时的统一数据格式的文件。

> **练习**
> 根据图纸完成投标项目电子标书的生成。

2.5.5 协作模式

1. 协作模式整体介绍

广联达云计价平台 GCCP5.0 的协作模式是为建筑工程全过程中各个阶段从事计价活动的团队和部门开发的,进行多人协同编审和统一管理的平台。

传统模式的缺点如图 2-5-91 所示。

图 2-5-91 传统模式的缺点

广联达云计价平台 GCCP5.0 的协作模式,是借助广域网环境,提供招投标规范化管理、快速编制控制价、投标报价,实时便捷审查(见图 2-5-92)的解决方案,能使团队管理更轻松,使招投标清单编制更高质高效。

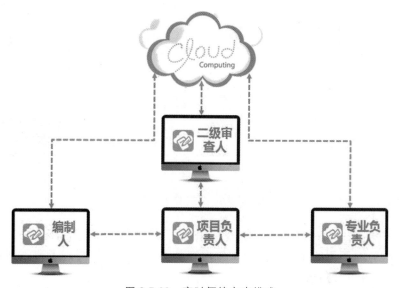

图 2-5-92 实时便捷审查模式

2. 功能介绍目录

功能介绍如图 2-5-93 所示。

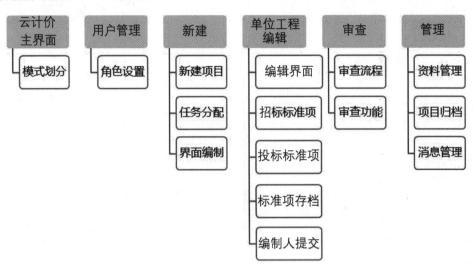

图 2-5-93　功能介绍

3. 云计价主界面

广联达云计价平台 GCCP5.0 分为"个人模式"和"协作模式",如图 2-5-94 所示。当工程项目大、专业多,应由多人协作完成时,用户可以在平台中选择"协作模式"。

图 2-5-94　云计价主界面

4. 用户管理

在一个项目中,不用的角色所做的工作内容是不同的,所以,管理者要添加做此工程项目的人员的账号并进行角色分配。

在云计价主界面,点击已登录账号旁边的下拉键,选择"我是管理员"可以进行管理员登录,如图 2-5-95 所示。

图 2-5-95　点击"我是管理员"

输入管理员账号、密码进行登录,如图 2-5-96 所示。

图 2-5-96　输入管理员账号、密码进行登录

软件会弹出"安全提示"对话框,用户可以根据自己的情况选择,如图 2-5-97 所示。

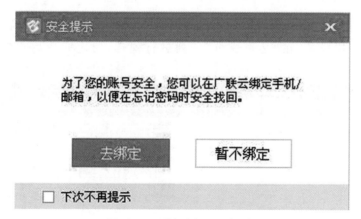

图 2-5-97　"安全提示"对话框

管理员可以在用户管理界面添加用户或移除用户,也可以对已经添加到企业下的用户进行角色设置(角色分为项目负责人、审查人、造价员),如图 2-5-98 所示。

如果企业人员众多,管理员可以点击"用户管理"窗口右上角的查询按钮,用账号或用户名直接进行搜索,如图 2-5-99 所示。

角色不同,管理权限不同,如表 2-5-1 所示。

图 2-5-98　在"用户管理"界面管理用户、设置角色

图 2-5-99　查询企业人员

表 2-5-1　不同角色的管理权限

角色	作业权限					管理权限	
	新建项目	任务分配	编制	统计	审核	下载	用户管理	工程、资料管理
编制人	√	√	√	√	×	√		
项目负责人	√	√	√	√	√	√		
审查人	×	×	√	√	√	√		
管理员	×	×	×	×	×	√	√	√

5. 新建

1) 新建项目

协作模式下的项目建立方式和个人模式下的项目建立方式一样，这里就不再赘述。

2) 任务分配

工程新建完成后，点击"下一步"，软件会跳转至项目成员界面，用户可以在此界面选择需要完成该项目的成员，在"是否成员"一列进行勾选，勾选完毕后点击"下一步"，如图 2-5-100 所示。

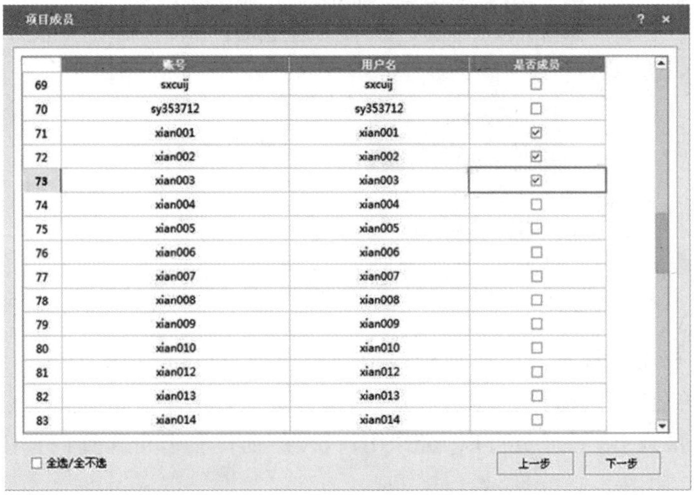

图 2-5-100　在项目成员界面选择成员

用户可以在"编制人"列下拉选择完成单位工程的人员,可以在"专业负责人"列指定人员对工程进行检查、统调等,如图 2-5-101 所示。

图 2-5-101 点击"任务分配"

通常,相同专业的编制人和专业负责人是同一人。选择完一个项目工程下各个单位工程的"编制人"和"专业负责人",点击"智能应用到同专业",即可将整个项目的"编制人"和"专业负责人"快速选择完毕,如图 2-5-102 所示。

图 2-5-102 点击"智能应用到同专业"

点击"完成",此项目建立完成且角色分配完成。

> **练习**
>
> 根据图纸完成协作模式的任务分配。

3)界面编辑

项目经理新建好项目、分配好角色后,需要进入编辑界面,对整个项目进行锁定。工程一旦锁定,只有指定的编制人才可打开工程进行编辑,其他人员不得打开并编辑。

锁定工程需选择整个项目"幸福小区",然后点击"锁定",如图 2-5-103 所示。

图 2-5-103　锁定工程

项目锁定后,项目经理要将已经建立好的项目进行提交,点击"提交任务"功能键,如图 2-5-104 所示。

图 2-5-104　点击"提交任务"

勾选需要提交的单位工程,如图 2-5-105 所示。

项目提交完成,软件会弹出提交任务成功的提示,如图 2-5-106 所示。

至此,项目经理的工作已经完成,整个项目已被成功分配。各编制人要登录自己的账号,编辑自己分配到的任务。

项目2 广联达云计价平台GCCP5.0软件应用

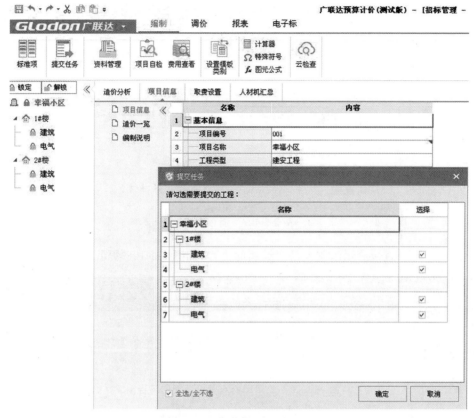

图 2-5-105 勾选需要提交的单位工程

图 2-5-106 任务提交成功的提示

> **练习**
>
> 根据图纸完成协作模式的界面编辑。

6. 单位工程编辑

1) 编辑界面

编制人登录自己的账号,点击"协作模式"。在协作平台下,如果有编制人需要编制的工程,在屏幕的右下角会有消息弹屏,如图 2-5-107 所示。

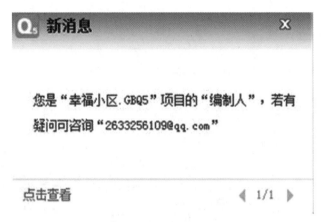

图 2-5-107　消息弹屏

云计价平台会直接显示编制人需要编制的工程,如图 2-5-108 所示。

图 2-5-108　显示编制人需要编制的工程

双击需要编辑的项目,软件会直接进入编辑界面,如图 2-5-109 所示。

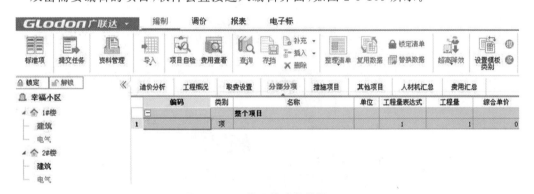

图 2-5-109　协同模式的编辑界面

> **温馨提示**
>
> 　　此时的编制界面是无法编辑的,必须进行锁定。因为对一个工程来说,项目负责人、审查人及编制人均有编辑权限,但一个工程不能被多人同时编辑,所以为了避免多人同时操作,编制人在进行编辑时,都必须先对工程进行锁定。

编制人可以在三级项目管理处点击"锁定",也可以在编辑区域右上方点击"立即锁定",如图 2-5-110 所示。

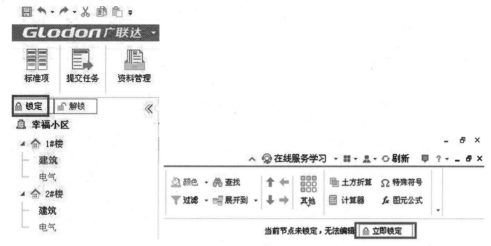

图 2-5-110　点击"锁定"或"立即锁定"

工程一旦被锁定,锁定的单位工程前面会加上"一把锁",其他人无权对锁定的工程进行编辑修改,如图 2-5-111 所示。

2)招标标准项

工程是多栋楼的小区,每栋楼同专业的列项基本一致,做法相同,只是各栋楼的工程量不同,在编制招标工程的时候,一般先按照一栋楼进行列项、组价,然后复制到其他各单位工程,修改工程量或者项目特征,这是传统的做法。

标准项编制是先把不同单位工程(专业相同)中相同的清单及子目在一个独立的界面编辑好,再根据需要将它们分配到各单位工程,这样,编制一个标准项目即可快速完成裙楼的清单项目的编制及组价。

点击"标准项"功能键,如图 2-5-112 所示。

图 2-5-111　建筑工程被锁定

图 2-5-112　点击"标准项"编制招标标准项

软件会在弹出的对话框中自动生成一个标准项的名称（可修改），勾选需要提取的单位工程，点击"确定"，如图 2-5-113 所示。

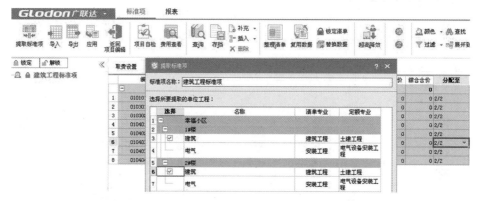

图 2-5-113　勾选需要提取的单位工程

软件会在左侧模块导航栏显示"建筑工程标准项"，这里就是建立标准项的界面，如图 2-5-114 所示。

图 2-5-114　建立标准项的界面

在建立标准项的界面进行清单编辑，编辑方式和个人模式相同，可采用手动输入、查询清单、导入 Excel、复用数据中的历史工程等方法。

标准项中的分部分项和措施项目编制完成后，将清单分配到具体的单位工程中。软件默认将此标准项分配至同专业的所有单位工程中，如需调整，可点开"分配至"进行勾选，如图 2-5-115 所示。

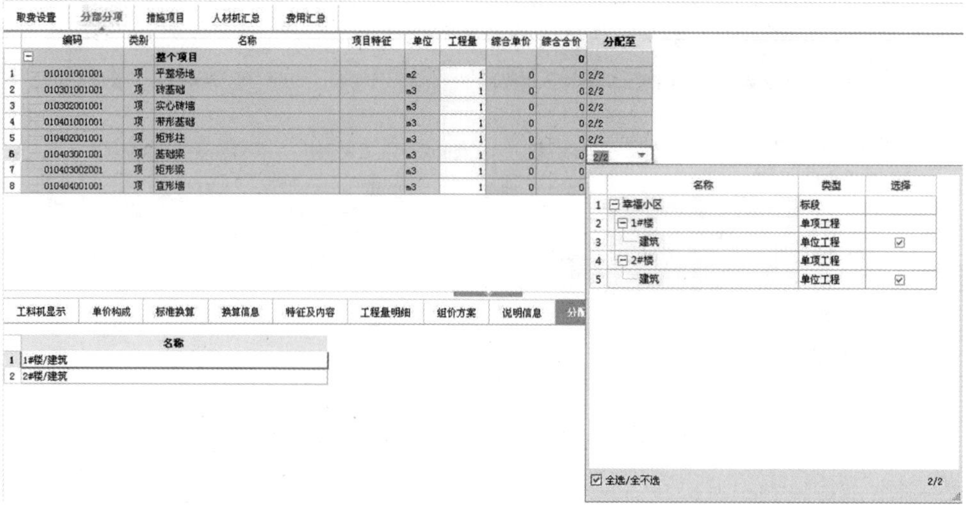

图 2-5-115　点击"分配至"分配标准项

需要分配的单位工程选择完毕后,编制人应点击"应用"功能键打开"标准项应用设置",如图 2-5-116 所示。

图 2-5-116　点击"应用"打开"标准项应用设置"

编制人应在"标准项应用设置"中勾选要应用的范围,如图 2-5-117 所示。

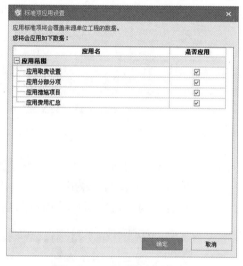

图 2-5-117　选择应用范围

应用成功后,软件会弹出应用完成对话框,点击"确定"即可完成操作,如图 2-5-118 所示。

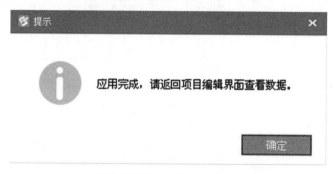

图 2-5-118　应用完成对话框

要查看数据时,编制人应点击"返回项目编辑"功能键,如图 2-5-119 所示。

图 2-5-119　点击"返回项目编辑"

在项目编辑界面,单位工程中会显示标准项分配到的内容,如图 2-5-120 所示。

图 2-5-120　显示标准项分配到的内容

3) 投标标准项

标准项编制是先把不同单位工程(专业相同)中相同的清单及子目在一个独立的界面编辑好,再根据需要将它们分配到各单位工程,这样,编制一个项目即可快速完成裙楼的清单项目编制及组价。"提取标准项"功能键,勾选需要组价的单位工程,如图 2-5-121 所示。

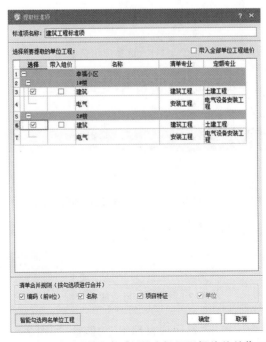

图 2-5-121　点击"提取标准项"选择需要组价的单位工程

点击"确定",软件会将建筑工程标准项提取出来,如图 2-5-122 所示。

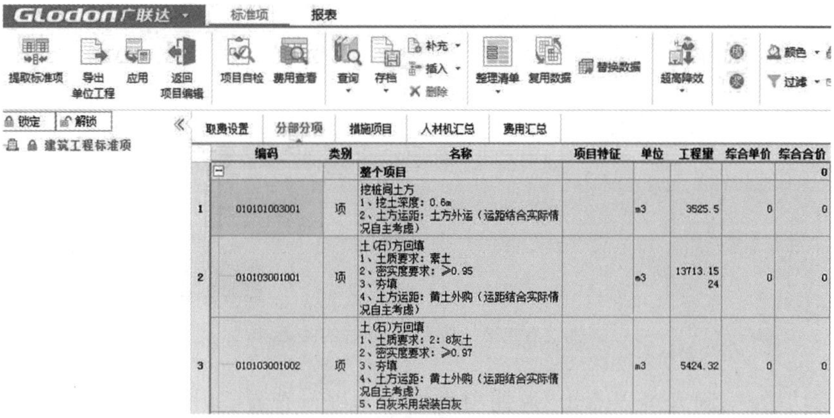

图 2-5-122 提取建筑工程标准项

对提取出来的标准项进行逐一组价,如图 2-5-123 所示。

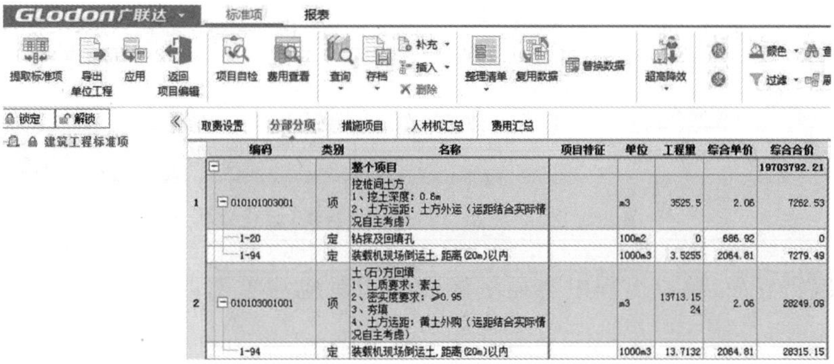

图 2-5-123 对提取出来的标准项进行逐一组价

当所有分部分项、措施项目定额组价完毕,编制人要点击"应用"功能键,选择标准项的应用范围,如图 2-5-124 所示。

图 2-5-124 点击"应用"选择标准项的应用范围

应用成功后,软件会弹出应用完成的提示框,如图 2-5-125 所示。

图 2-5-125　应用成功后的提示框

应用成功后,编制人可以点击"返回项目编辑",进行查看,如图 2-5-126 所示。

图 2-5-126　点击"返回项目编辑"进行查看

在项目编辑界面,单位工程中会显示标准项中对应清单套取的子目内容,如图 2-5-127 所示。

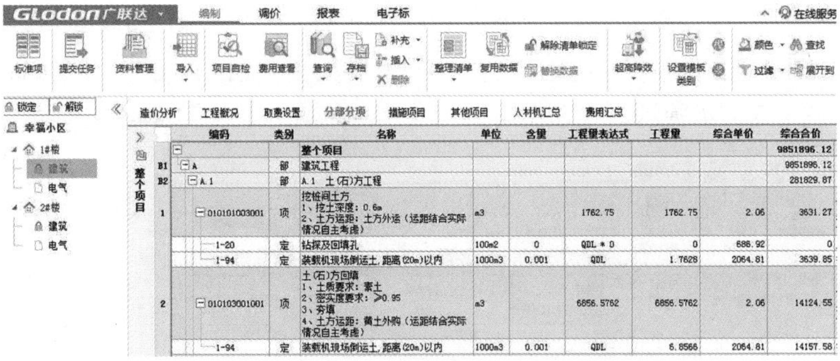

图 2-5-127　显示标准项中对应清单套取的子目内容

不管是招标项目,还是投标项目,不管采用的是提取标准项的方式完成工程,还是传统方式完成工程,工程完成后,编制人都要提交任务,如图 2-5-128 所示。

图 2-5-128　点击"提交任务"进行提交

编制人应勾选已经完成且要提交的工程,如图 2-5-129 所示。

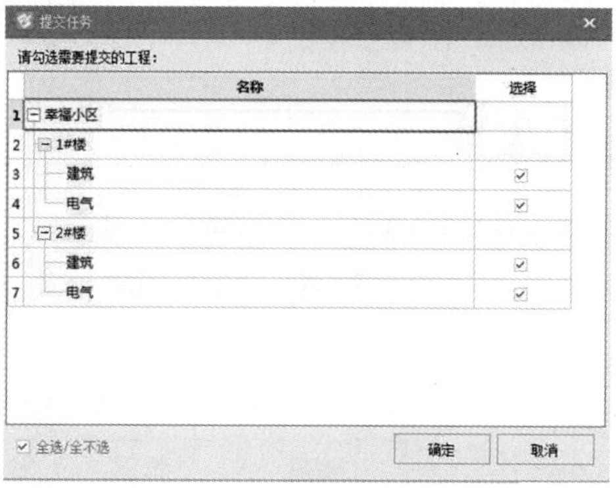

图 2-5-129　勾选已经完成且要提交的工程

4)标准项存档

一般对于同种专业,相同工程类型的工程编制的清单项大多相同,标准项编制完成后,编制人可以把当前专业已经编辑好的标准项目进行保存,便于后期应用。

在功能区点击"存档标准项",如图 2-5-130 所示。

图 2-5-130　点击"存档标准项"

勾选需要存档的标准项,点击"确定",如图 2-5-131 所示。

图 2-5-131　勾选需要存档的标准项

之后遇到类似的专业时,为了提高工作效率,软件中提供了导入数据的功能,支持导入 Excel 文件、导入历史工程、导入标准项模板等,使用者可以根据自己的情况进行导入,如图 2-5-132 所示。

图 2-5-132　软件提供的导入数据的功能

5)编制人提交

编制人将所有的单位工程编辑完毕后,要将工程进行提交,方法是点击"提交任务",勾选需要提交的单位工程,点击"确定",如图 2-5-133 所示。

图 2-5-133　编制人提交工程

软件弹出"提交任务成功"的窗口说明编制人的工作已经完成,任务已经提交,工程可由审查人或者项目负责人进行审查修改,如图 2-5-134 所示。

图 2-5-134 "提交任务成功"窗口

> 练习
> 根据图纸完成协作模式下的单位工程编辑。

7. 审查

1）审查流程

企业内部协作流程（见图 2-5-135）：企业得到项目后，项目负责人和编制人将项目建立起来，并且将任务分配到人；编制人分别编制分配给自己的任务；编制人完成自己的任务后进行提交；专业负责人进行复核及价格统调工作；审查人进行审查，审查可以设置多级审查人，进行多级审查。

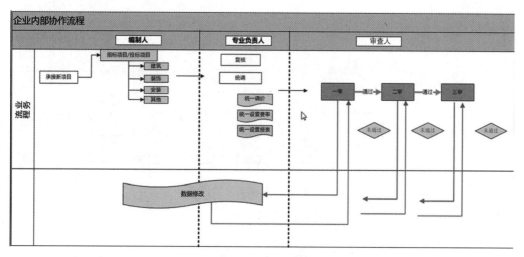

图 2-5-135 企业内部协作流程

2）审查功能

审查人登录自己的账号可以看到自己需要审查的工程，可以直接双击需要审查的工程进入并进行审查，也可以点击"审查预算书"进入工程进行审查，如图 2-5-136 所示。

如果工程项目太大，可设置多人对项目进行审查，以保证项目组价的准确性，点击"设置二级审查人"，在下拉条中选择合适的人员，如图 2-5-137 所示。

图 2-5-136　点击"审查预算书"进行审查

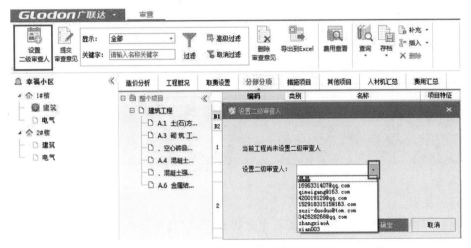

图 2-5-137　设置多人对项目进行审查

软件的审查界面会提供"审查意见"列,审查人可以将审查意见填写在对应的位置,如图 2-5-138 所示。

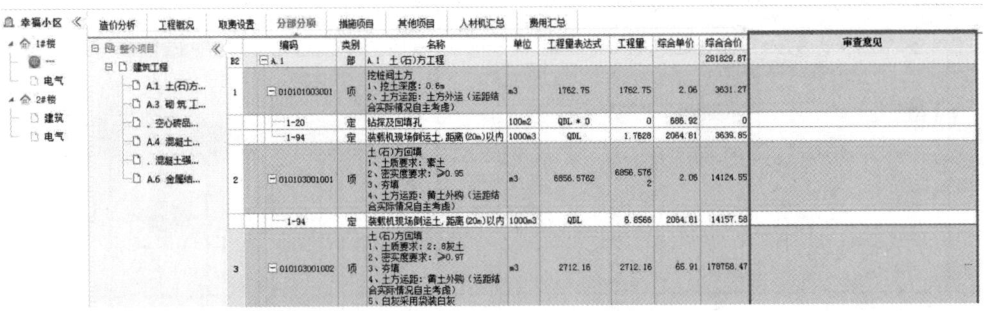

图 2-5-138　审查人在"审查意见"列填写审查意见

审查人可以选择显示的项目,如图 2-5-139 所示。

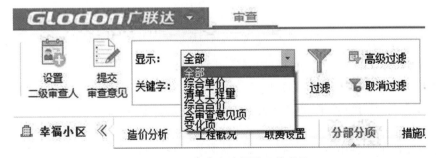

图 2-5-139　审查人选择显示的项目

如果工程项目大,所有清单定额内容逐一检查耗时费力、效率低下。所以,审查人通常抽取一些重点项进行审查。软件提供了"高级过滤"功能,审查人可以通过综合合价、综合单价、清单工程量进行重点项过滤,如图 2-5-140 所示。

图 2-5-140　点击"高级过滤"

工程审查完毕,审查过程中记录的审查意见如果需要单独保存,可以通过"导出到 Excel"进行导出,便于后期作为资料留存,如图 2-5-141 所示。

图 2-5-141　点击"导出到 Excel"保存审查意见

工程审查没有问题后,审查人需要将工程进行提交,点击"提交审查意见",在弹出的窗口选择审查结果(通过、不通过),如图 2-5-142 所示。

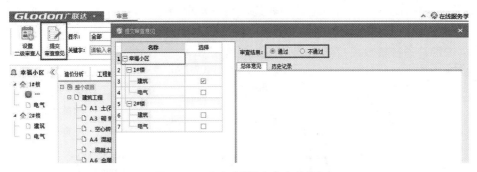

图 2-5-142　点击"提交审查意见"

如果审查人审查之后认为工程还有问题,需要编制人再次进行检查调整,那么,审查人需要在审查结果中选择"不通过"并在"总体意见"栏中填写意见,如图 2-5-143 所示。

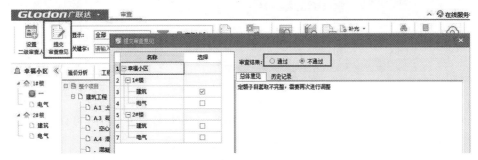

图 2-5-143　选择"不通过"并在"总体意见"栏中填写意见

总体意见描述完毕,审查人应点击"提交",软件会弹出"提交审查意见成功"的提示,如图 2-5-144 所示。

图 2-5-144　"提交审查意见成功"的提示

工程审查意见提交后,编制人要对工程进行调整。编制人登陆自己的账号即可看到已经提交的工程被退回,双击进入工程修改,修改完再次提交。

如果审查人审查后认为工程没有问题,应直接在审查结果中选择"通过"并在"总体意见"栏中填写意见,如图 2-5-145 所示。

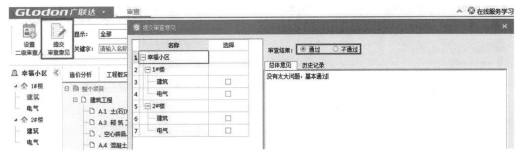

图 2-5-145　选择"通过"并在"总体意见"栏中填写意见

> **练习**
> 根据图纸完成协作模式下的审查。

8. 管理

1) 资料管理

项目编制过程中,软件可以完成相关资料(答疑资料、图纸等)文件的保存和共享,使企业对所有的数据进行统一管理,且在需要查阅时,方便项目参与人随时浏览所需资料,方便项目编制中的资料与工程项目同步存档,方便后期查阅工程时浏览资料;软件提供了资料统一归档整理的功能,点击"资料管理"使用,如图 2-5-146 所示。

图 2-5-146　点击"资料管理"

将需要的资料通过点击"添加"的方式进行加载,如图 2-5-147 所示。

图 2-5-147　点击"添加"进行加载

文件上传后,软件会弹出"文件上传成功"的提示,如图 2-5-148 所示。

添加的文件不限文件格式。每个文件上传后会显示上传时间、上传人员。上传的文件也可以删除、下载。上传的文件的信息如图 2-5-149 所示。

图 2-5-148 "文件上传成功"的提示

图 2-5-149 上传的文件的信息

2）项目归档

企业要对已经做完的招投标项目或者重要的项目统一进行管理，采取保密策略可以通过点击"项目归档"完成，如图 2-5-150 所示。

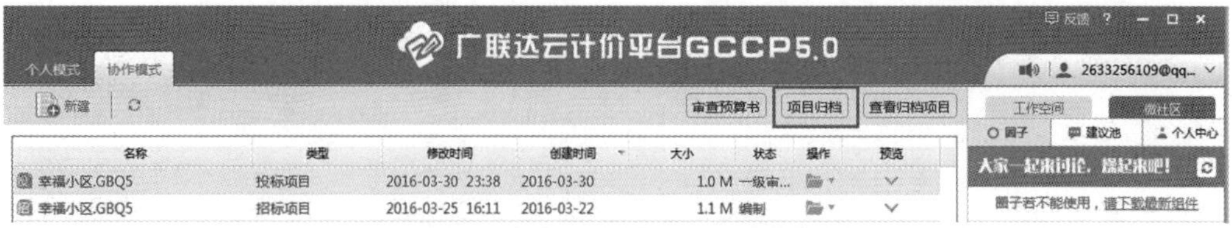

图 2-5-150 点击"项目归档"管理项目

点击"项目归档"后，软件会弹出填写项目的主要内容的窗口，如图 2-5-151 所示。
填写好"项目归档"窗口中的主要内容，点击"确定"，如图 2-5-152 所示。

图 2-5-151 填写项目的主要内容的窗口

图 2-5-152 填写主要内容并点击"确定"

对已完成的工程进行项目归档,进入查看归档项目界面,查看已归档项目的信息,如图 2-5-153 所示。

图 2-5-153　点击"查看已归档项目"

归档后的工程可以下载、下载附件、恢复、删除等，但是使用这些功能是需要权限的，如果没有权限，上述功能为"灰显"，无法操作，如图 2-5-154 所示。

图 2-5-154　归档后的操作界面

如需权限，项目经理可以进行权限设置，点击"设置访问权限"，根据需要在"预览权限"列、"维护权限"列中进行勾选，如图 2-5-155 所示。

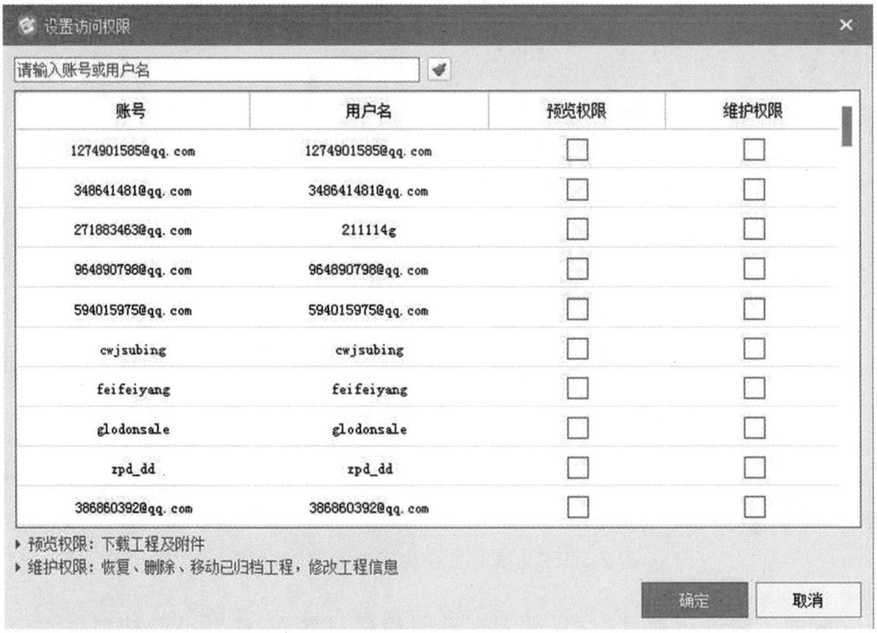

图 2-5-155　设置访问权限

3）消息管理

编制人、项目经理、审查人收到跟自己工作有关的相关消息后，要时刻关注工程进展情况，可以登录自己的账号，点击"协作模式"，在协作平台下，接收跟自己的工作相关的编制工程在右下角的消息弹屏，也可以点击云计价平台右上角的小喇叭查看消息，如图 2-5-156 所示。

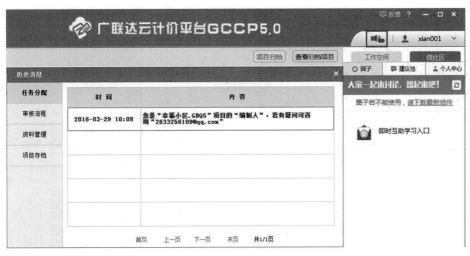

图 2-5-156　点击"查看消息"

> **练习**
>
> 根据图纸完成协作模式的管理。

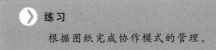　结算部分

本节结合案例工程和相关文件规定，讲解如何在云计价平台中利用进度期的设置、复用合同清单、人材机调差、导入竣工结算数据等功能快速处理在进度计量和竣工结算过程中遇到的相关量和价的问题。

结算部分介绍的内容包含结算业务、验工计价和竣工结算。

2.6.1　结算业务

结算业务的流程如图 2-6-1 所示。

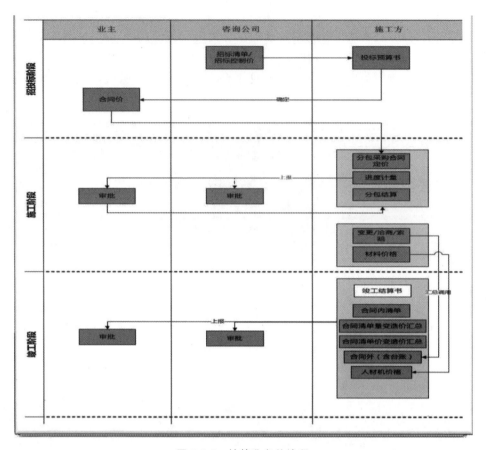

图 2-6-1 结算业务的流程

对于施工单位来说,工程中标,与甲方签订施工合同后,工程就进入实施阶段。工期长是工程项目的一大特点,为了使施工单位在工程建设中耗用的资金及时回笼,保障工程连续进行,施工单位要对工程价款进行中间结算、年终结算,还要在工程竣工后进行竣工结算。施工单位在进行中间结算的过程中要对每个进度期进行工程量和价的计算。施工过程中涉及的造价有两个阶段:第一阶段是施工过程中涉及的分包采购合同、进度计量以及总包和分包之间的结算;第二阶段是项目完成后的竣工结算,主要是对项目实施过程发生的一切费用进行清算,要考虑的有施工的所有实体工程量、材料及价差的调整。

可见,结算最主要的就是过程的进度计量和最终的竣工结算。

广联达云计价平台的结算部分根据这两个主要工作划分为验工计价和竣工结算,接下来一起来学习这两个部分。

2.6.2 验工计价

验工计价业务流程如图 2-6-2 所示。

1. 分析进度计量的重难点工作

进度计量的主要工作是根据合同文件统计出每个月完成的工程量清单,统计完成的工程量,统计截至现在每期完成的工程量、是否超出合同约定、还有多少没有报,这都是大家在

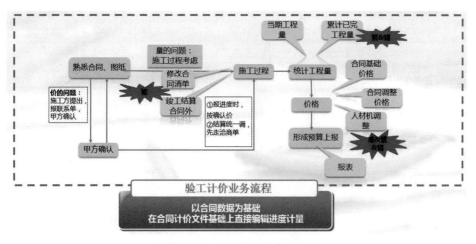

图 2-6-2 验工计价业务流程

工作中需要考虑的。如果工程使用的是 2013 年版的工程量清单计价规范,施工单位还要对材料进行认证和调整。目前很多软件达不到这样的要求,对于进度计量,我们要根据合同对照每期实际发生的量,累计、完成计量。没有工具帮助我们完成这些工作,伴随着工期越来越长,要统计的数据会越来越多,量越来越大,要做的工作也会越来越烦琐。

我们以前在进行第一期进度报量时要把合同文件复制一份,删除当期不涉及的清单工作项,只保留当期工作清单并计算完成的工程量,再把需要调差的材料都放在 Excel 文件中,利用编辑好的公式算出材料价差,形成本期的进度计量文件;从第二期开始,我们要重复上面的操作,还要计算累计完成的量、没有完成的量并形成上报文件,工程越烦琐,计量越复杂。

在云计价平台验工计价部分中处理进度计量的方法是将合同文件直接转为验工计价文件。输入每个进度期的量,软件会自动计价,也会快速计算价差。

2. 编制进度计量文件

平台提供三种方法将双方签的合同文件,也就是预算文件转为验工计价文件:①在预算文件中直接将预算文件转换为验工计价文件;②在平台中将预算文件转为验工计价文件;③在平台中新建验工计价文件。

现在,我们以第 3 种方法为例进行介绍。

(1)在平台中点击"新建",选择"新建结算项目",如图 2-6-3 所示。

(2)在弹出的对话框中选择"新建验工计价",点击"选择",选中要转换的文件或在弹出的对话框中的"最近使用的文件"中双击需要的文件,如图 2-6-4 所示。需要注意的是,能转的文件仅限招投标的项目文件,如果要将单位工程预算文件转为验工计价文件,要先新建一个项目,添加这个预算文件后导入。

图 2-6-3　点击"新建结算项目"

图 2-6-4　点击"新建验工计价"

(3)选择"幸福小区"的投标文件后,工程进入验工计价界面,左侧为三级项目架构,编辑界面清晰,如图 2-6-5 所示。

图 2-6-5 验工计价界面

> **练习**
>
> 根据图纸新建验工计价。

3. 案例解析

在实际工程中进行进度计量时会遇到哪些问题呢?我们一起来看几个案例。

案例 1:工程做完地下部分报一次量,地上部分每完成三层报一次量。

案例 2:承包人应于每月 25 日向监理人报送上月 20 日至当月 19 日已完成的工程量的报告,附具进度付款申请单、已完成工程量报表和有关资料。

案例 3:施工单位进场后在第 1 个计量周期实际完成的工作为生活区板房搭设 400 m²、围挡支护 300 m;在第 1 进度期完成土石方工程中的挖基础土方 200 m³ 和砌块墙合同总量的 30%。

在案例 1 中,工程的进度期不是按具体时间划分的,而是按工程进展的形象进度来报量的,这在软件中如何实现呢?

在案例 2 中,进度期是按时间划分的,该如何操作呢?

在案例 3 中,生活区板房搭设和围挡支护为措施项目当期完成的工程量,挖基础土方和砌块墙这两项为分部分项部分完成的工程量,当期工程又该如何快速完成呢?

分析这几个案例涉及报量周期设定,分部分项、措施项目工程量的确定。

分部分项工程量呈报会涉及的功能有添加分期、导入外部数据、手动输入工程量、提取未完成量;措施项目、其他项目工程计量时会涉及的功能有手动输入比例计算、按分部分项完成比例计算、按实际发生计算。

我们先来学习分部分项工程量呈报在云计价验工计价部分的操作。

4. 设置进度期

对于案例 1,合同要求进度期按工程形象进度呈报的操作是在项目管理的编辑界面,点击"形象进度",在形象进度描述中按合同要求输入描述信息,添加第二期时点击"添加分期",继续描述,如图 2-6-6 所示。

对于案例 2,承包人应于每月 25 日向监理人报送工程量报告在验工计价中又该如何完成呢?

图 2-6-6 点击"形象进度"输入描述信息

第一步,每月 25 号提交的工程量都要对应具体的清单工作项,点击 1 号楼的建筑工程,进入该单位工程界面,如图 2-6-7 所示。

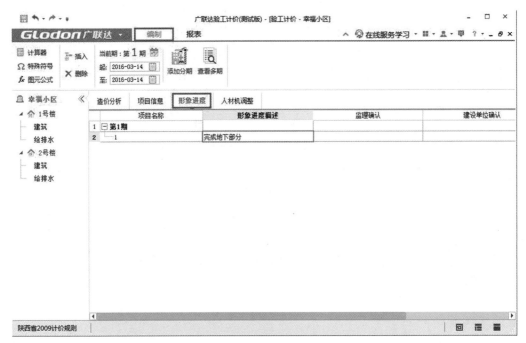

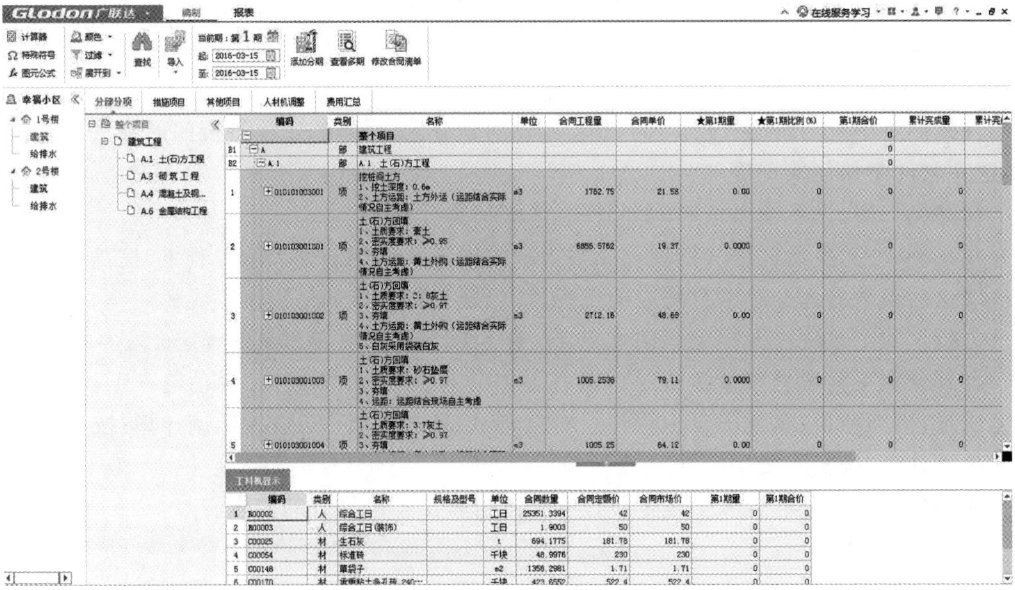

图 2-6-7 进入该单位工程界面

第二步,设置报量周期,软件默认有一期,我们需要修改时间为合同规定时间,第一进度期时间为 2015 年 2 月 25 日至 2015 年 3 月 24 日,如图 2-6-8 所示。

项目2　广联达云计价平台GCCP5.0软件应用　173

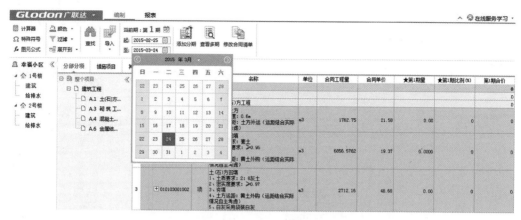

图 2-6-8　设置报量周期

第三步,添加第 2 进度期,点击"添加分期"软件自动默认第 1 期的时间周期,这样,第 2 进度期就添加好了,添加第 3 进度期、第 4 进度期的方法相同,只需点击"添加分期",进度期会按之前的时间周期自动生成,如图 2-6-9 所示。

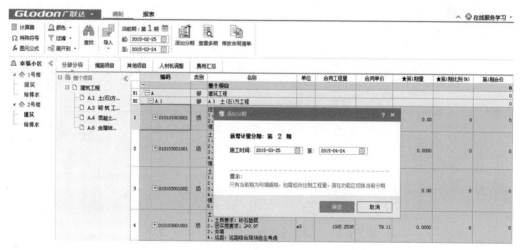

图 2-6-9　在添加分期界面添加进度期

"练习"根据图纸完成进度期的设置

5.申报分部分项工程量

1)方法 1:手动申报

申报人要考虑本期完成的工作、工程量,没完成的工作,截至现在这项工作完成的累计工程量、是否超出合同工程量。案例 3 中,"挖基础土方 200 m^3"和"砌块墙合同总量的 30%"如何处理?

接下来,我们一起解决这些问题。

(1)确认工程的进度期在第 1 进度期,如果不是,切换分期为"第 1 期",如图 2-6-10 所示,切换完毕后发现"第 1 期量"和"第 1 期比例"前带有小星号。

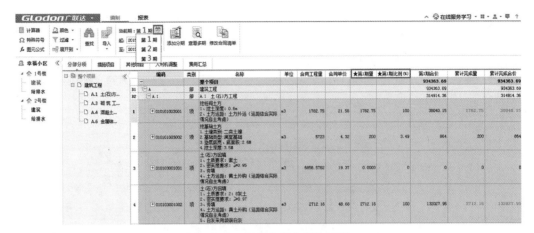

图 2-6-10　切换分期为"第 1 期"

(2)在清单项中找到"挖基础土方"清单项,在"第 1 期量"中输入 200,发现"第 1 期比例"变为 3.49,如图 2-6-11 所示。

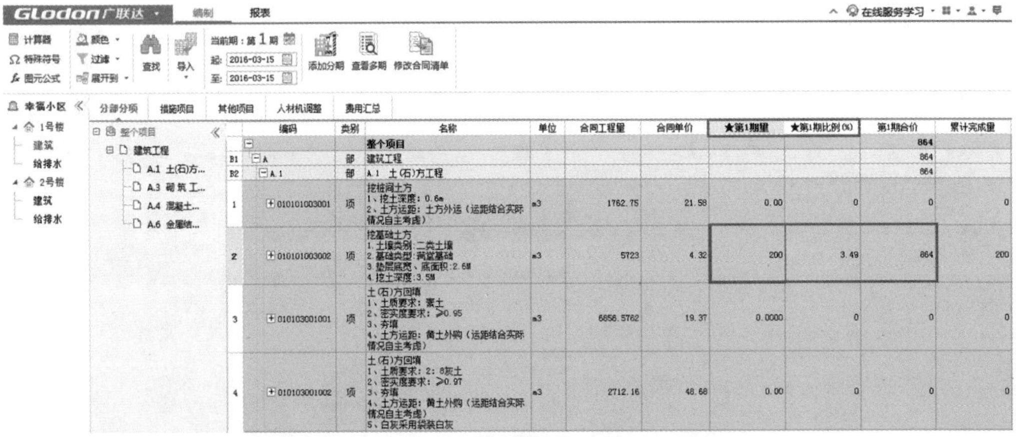

图 2-6-11　找到"挖基础土方"并输入第 1 期量

(3)在砌块墙清单项对应的"第 1 期比例"中输入 30%,软件会以合同总量为基数自动计算第 1 期工程量,如图 2-6-12 所示。

图 2-6-12　以合同总量为基数自动计算工程量

由此可见,在计算工程量时,除了直接输入工程量,还可以根据比例确定工程量。工程量只能根据这两种方法确定吗？之前的报量工作一直是在预算文件或 Excel 文件中完成的，后续想接着用云计价的验工计价来做能实现吗？

2）方法 2：导入外部数据

软件提供了导入外部数据功能，利用"导入预算历史文件"和"导入 Excel"解决大家的疑虑，如图 2-6-13 所示。

图 2-6-13　导入外部数据功能

总包方的预算员用验工计价编制了本期上报量后需要上报给甲方或监理，甲方或监理可能对预算员提交的工程文件进行审核、修改，修改完毕后返还给预算员，预算员可以将审核完毕后的工程文件利用"导入验工计价历史文件"功能进行导入，这样当期量就更新到软件中了。

接下来，我们以"导入预算历史文件"为例讲解如何将预算文件的报量文件导入验工计价。

（1）点击"导入"选择"导入预算历史文件"，如图 2-6-14 所示。

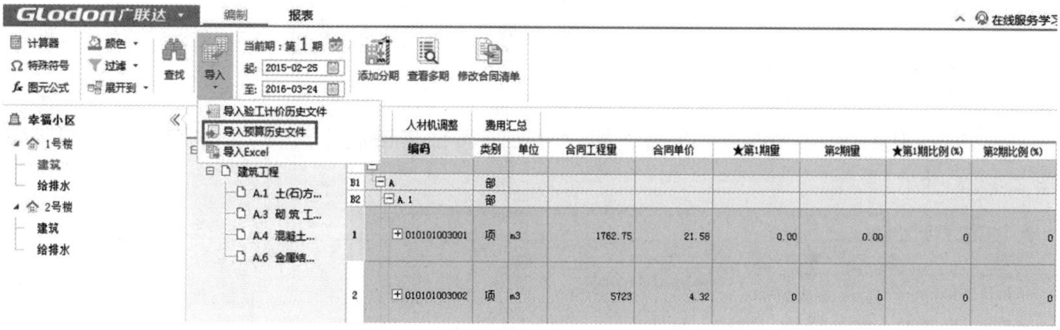

图 2-6-14　选择"导入预算历史文件"

（2）在弹出的对话框中选择要导入的预算文件，点击"打开"，如图 2-6-15 所示。

这时，软件会根据清单项自动匹配第 1 期对应的工程量，这样预算文件中的工程量就快速导入验工计价中了，如图 2-6-16 所示。

3）方法 3：提取未完成工程量

在很多情况下，土方、基础方面的工作在工程进行到第 2 期时就已经全部完成，可利用"提取未完工程量"把该清单项合同工程量剩余的量快速提取出来。

切换到第 2 进度期，小星号又出现在"第 2 期量"和"第 2 期比例"前面，不难发现，当前

图 2-6-15　选择要导入的预算文件

图 2-6-16　数据导入完成

进度期是哪一期，小星号就对应哪一期。

找到"挖基础土方"清单项，在第 2 期量对应单元格单击右键选择"提取未完工程量"，如图 2-6-17 所示。

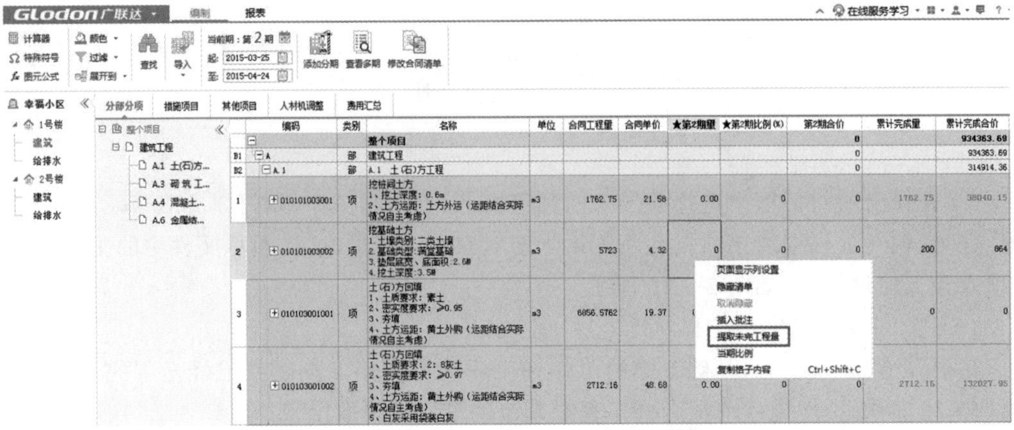

图 2-6-17　点击"提取未完工程量"

提取出来的工程量就是合同工程量(5723)减掉第 1 期工程量(200),剩余 5523,累计完成量和合同工程量一样,累计完成比例自动变为 100,如图 2-6-18 所示。

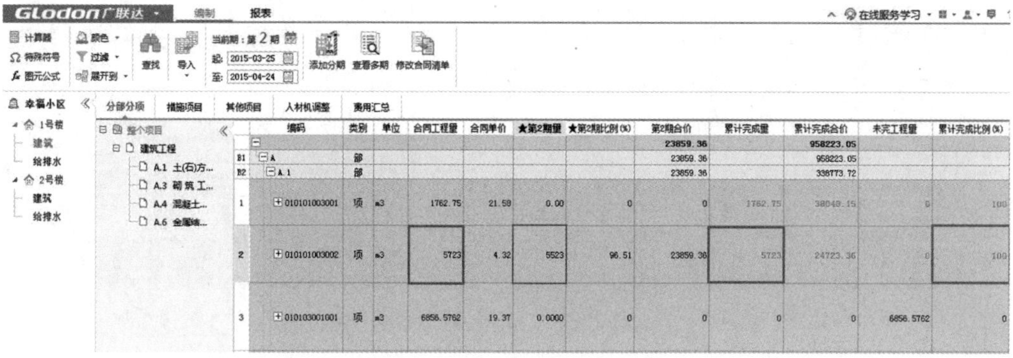

图 2-6-18　提取未完工程量的结果

对于申报工程量超过合同工程量的项,字体颜色自动高亮显示红色预警,如图 2-6-19 所示。除此之外,软件会自动计算累计完成量、未完成量。

图 2-6-19　显示红色预警

要查看多个进度期的报量信息,点击"查看多期",选择要显示出来的进度期,如图 2-6-20 所示。

图 2-6-20　查看多个进度期的报量信息

这样，勾选的进度期要报的工程量和比例都呈现出来了，方便查量，如图 2-6-21 所示。

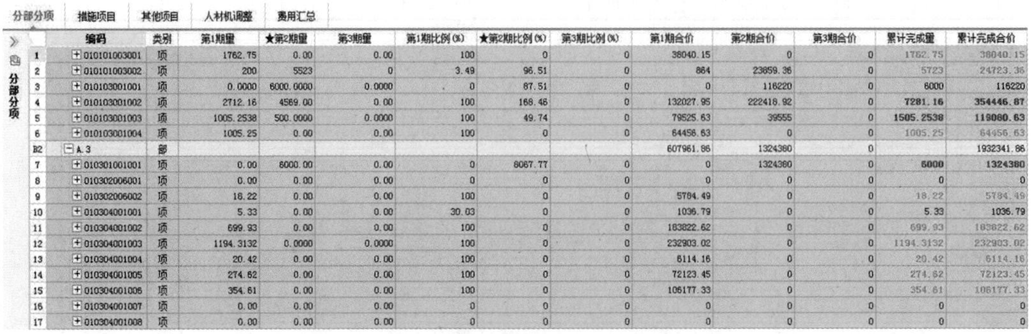

	编码	类别	第1期量	★第2期量	第3期量	第1期比例(%)	★第2期比例(%)	第3期比例(%)	第1期合价	第2期合价	第3期合价	累计完成量	累计完成合价
1	010101003001	项	1762.75	0.00	0.00	100	0	0	38040.15	0	0	1762.75	38040.15
2	010101003002	项	200	5523	0	3.49	96.51	0	864	23859.36	0	5723	24723.36
3	010103001001	项	0.0000	6000.0000	0.0000	0	87.51	0	0	116220	0	6000	116220
4	010103001002	项	2712.16	4569.00	0.00	100	168.46	0	132027.95	222418.92	0	7281.16	354446.87
5	010103001003	项	1005.2538	500.0000	0.0000	100	49.74	0	79525.63	39555	0	1505.2538	119080.63
6	010103001004	项	1005.25	0.00	0.00	100	0	0	64456.63	0	0	1005.25	64456.63
B2	A.3	部							607961.86	1324380	0		1932341.86
7	010301001001	项	0.00	6000.00	0.00	0	8067.77	0	0	1324380	0	6000	1324380
8	010302006001	项	0.00	0.00	0.00	0	0	0	0	0	0	0	0
9	010302006002	项	18.22	0.00	0.00	100	0	0	5784.49	0	0	18.22	5784.49
10	010304001001	项	5.33	0.00	0.00	30.03	0	0	1036.79	0	0	5.33	1036.79
11	010304001002	项	699.93	0.00	0.00	100	0	0	183822.62	0	0	699.93	183822.62
12	010304001003	项	1194.3132	0.0000	0.0000	100	0	0	232903.02	0	0	1194.3132	232903.02
13	010304001004	项	20.42	0.00	0.00	100	0	0	6114.16	0	0	20.42	6114.16
14	010304001005	项	274.62	0.00	0.00	100	0	0	72123.45	0	0	274.62	72123.45
15	010304001006	项	354.61	0.00	0.00	100	0	0	106177.33	0	0	354.61	106177.33
16	010304001007	项	0.00	0.00	0.00	0	0	0	0	0	0	0	0
17	010304001008	项	0.00	0.00	0.00	0	0	0	0	0	0	0	0

图 2-6-21　工程量和比例

这就是分部分项工程量申报过程中要注意的问题和软件的应对功能，包括形象进度、添加进度期、导入外部数据、查看多期、超过合同量软件红色预警，这些功能高效的同时更方便对整个项目进度进行把控。

> **练习**
>
> 根据图纸完成分部分项工程量的申报。

6. 措施项目、其他项目进度计量

措施项目在进度计量时，除了一些特殊子目（如模板子目）需要从分部分项中提取之外，其他的费用项都会根据合同或者计量方式按比例、按实际发生、按百分率进行计量。

从分部分项界面切换到措施项目界面，我们发现每条措施项目的计量方式都可以通过“计量方式”列或者计量方式功能键来更改，满足灵活的合同要求，如图 2-6-22 所示。

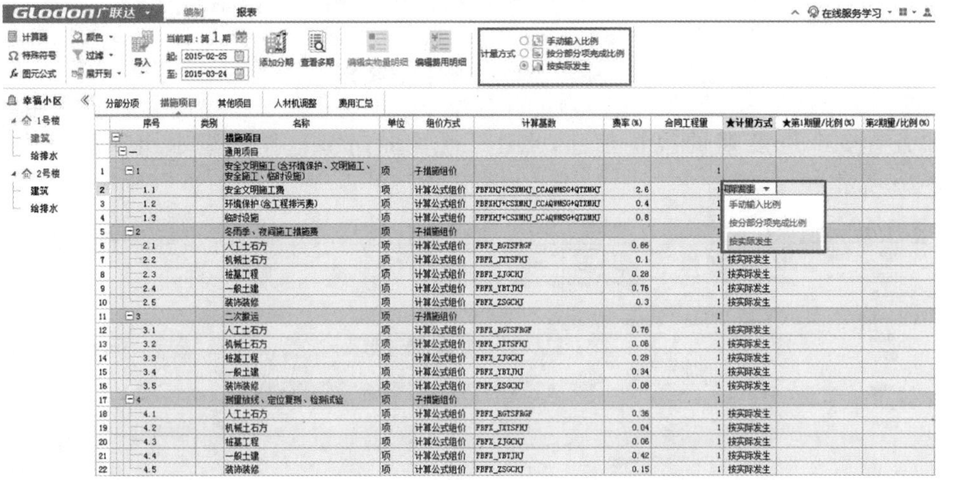

	序号	类别	名称	单位	组价方式	计算基数	费率(%)	合同工程量	★计量方式	★第1期量/比例(%)	第2期量/比例(%)
			措施项目								
	一		通用项目								
1	1		安全文明施工（含环境保护、文明施工、安全施工、临时设施）	项	子措施组价			1			
2	1.1		安全文明施工费	项	计算公式组价	FBFXHJ+CSXMHJ_CCAQWMSG+QTXMHJ	2.6	1			
3	1.2		环境保护（含工程排污费）	项	计算公式组价	FBFXHJ+CSXMHJ_CCAQWMSG+QTXMHJ	0.4	1			
4	1.3		临时设施	项	计算公式组价	FBFXHJ+CSXMHJ_CCAQWMSG+QTXMHJ	0.8	1			
5	2		冬雨季、夜间施工措施费	项	子措施组价			1			
6	2.1		人工土石方	项	计算公式组价	FBFX_RGTSFRGF	0.86	1			
7	2.2		机械土石方	项	计算公式组价	FBFX_JXTSFHJ	0.1	1	按实际发生		
8	2.3		桩基工程	项	计算公式组价	FBFX_ZJGCHJ	0.28	1	按实际发生		
9	2.4		一般土建	项	计算公式组价	FBFX_YBTJHJ	0.76	1	按实际发生		
10	2.5		装饰装修	项	计算公式组价	FBFX_ZSGCHJ	0.3	1	按实际发生		
11	3		二次搬运	项	子措施组价			1			
12	3.1		人工土石方	项	计算公式组价	FBFX_RGTSFRGF	0.76	1	按实际发生		
13	3.2		机械土石方	项	计算公式组价	FBFX_JXTSFHJ	0.06	1	按实际发生		
14	3.3		桩基工程	项	计算公式组价	FBFX_ZJGCHJ	0.28	1	按实际发生		
15	3.4		一般土建	项	计算公式组价	FBFX_YBTJHJ	0.34	1	按实际发生		
16	3.5		装饰装修	项	计算公式组价	FBFX_ZSGCHJ	0.08	1	按实际发生		
17	4		测量放线、定位复测、检测试验	项	子措施组价			1			
18	4.1		人工土石方	项	计算公式组价	FBFX_RGTSFRGF	0.36	1	按实际发生		
19	4.2		机械土石方	项	计算公式组价	FBFX_JXTSFHJ	0.04	1	按实际发生		
20	4.3		桩基工程	项	计算公式组价	FBFX_ZJGCHJ	0.06	1	按实际发生		
21	4.4		一般土建	项	计算公式组价	FBFX_YBTJHJ	0.42	1	按实际发生		
22	4.5		装饰装修	项	计算公式组价	FBFX_ZSGCHJ	0.15	1	按实际发生		

图 2-6-22　选择计量方式

在案例 3 中，“生活区板房搭设 400 m^2、围挡支护 300 m”是临时设施中的内容，是按实际发生计量的，在验工计价中怎么处理呢？

在措施项目中将进度期切换至第 1 进度期，选中“临时设施”项，将计量方式选为“按实际发生”，点击“编辑费用明细”功能键，如图 2-6-23 所示。

项目2　广联达云计价平台GCCP5.0软件应用

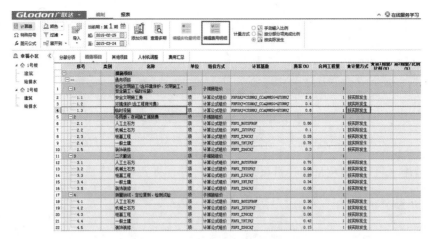

图 2-6-23　点击"编辑费用明细"

在弹出的对话框中选中空白行单击右键,选择"插入费用行"插入两个费用行,如图 2-6-24 所示。

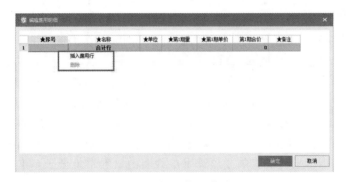

图 2-6-24　点击"插入费用行"

在"序号"单元格输入"1",在"名称"单元格输入"生活区板房搭设",在"单位"单元格输入"m2",在"第 1 期量"单元格输入"400",在"第 1 期单价"单元格输入"200",在第二行用同样的方法输入围挡支护信息,如图 2-6-25 所示。

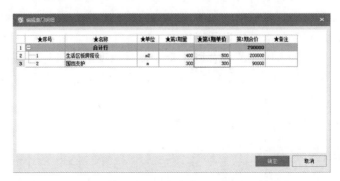

图 2-6-25　输入生活区板房搭设和围挡支护信息

点击"确定",查看临时设施的第 1 期量、比例,第 1 期合价,累计完成合价,累计完成比例,如图 2-6-26 所示。

图 2-6-26 查看临时设施的信息

除了措施项目，其他项目的计量可通过这三种计量方式轻松完成。

> **练习**
> 根据图纸完成措施项目、其他项目的进度计量。

7. 人材机调差

介绍完分部分项工程量申报、措施项目、其他项目进度计量后，有些人认为在进度报量过程中量的统计不是最难的，最难的是材料价差的计算。接下来，让我们一起回顾人材机调差规范中有哪些规定。

2013 年版《建设工程工程量清单计价规范》(GB 50500—2013) 的 9.8.1 条规定"合同履行期间，因人工、材料、工程设备、机械台班价格波动影响合同价款时，应根据合同约定，按本规范附录 A 的方法之一调整合同价款"。另外，规范的 9.8.2 条指出，"承包人采购材料和工程设备的，应在合同中约定主要材料、工程设备价格变化的范围或幅度；当没有约定，且材料、工程设备单价变化超过 5% 时，超过部分的价格应按照本规范附录 A 的方法计算调整材料、工程设备费"。不仅规范对人材机变化的范围和幅度有具体规定，合同也对人材机调整进行了相关说明。

①承包人在已标价工程量清单或预算书中载明的材料单价低于基准价格的：专用合同条款合同履行期间材料单价涨幅以基准价格为基础超过 5% 时，或材料单价跌幅以已标价工程量清单或预算书中载明材料单价为基础超过 5% 时，超过部分据实调整。

②承包人在已标价工程量清单或预算书中载明的材料单价高于基准价格的：专用合同条款合同履行期间材料单价跌幅以基准价格为基础超过 5% 时，材料单价涨幅以已标价工程量清单或预算书中载明材料单价为基础超过 5% 时，超过部分据实调整。

③承包人在已标价工程量清单或预算书中载明的材料单价等于基准单价的：专用合同条款合同履行期间材料单价涨跌幅以基准单价为基础超过 ±5% 时，超过部分据实调整。

实际材料调差除了要考虑规范或合同规定的量差幅度之外，还要根据合同约定挑选要调差的材料，确定调差周期内发生的人材机和工程量，接下来根据合同约定确定调差因素。材料调差流程如图 2-6-27 所示。

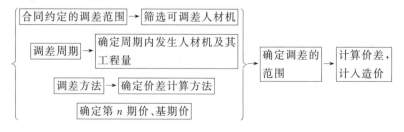

图 2-6-27 材料调差流程

在调差的过程中,调差方法也是需要提前掌握的。本节主要介绍 2013 年版的工程量清单计价规范规定的两种方法:价格指数调整法和差额调整法。

第 1 种方法是价格指数调整法。

人工、材料和设备等价格波动影响合同价格时,根据专用合同条款中约定的数据,按以下公式计算差额并调整合同价格:

$$\Delta P = P_0 \left[A + \left(B_1 \times \frac{F_{t1}}{F_{01}} + B_2 \times \frac{F_{t2}}{F_{02}} + B_3 \times \frac{F_{t3}}{F_{03}} + \cdots + B_n \times \frac{F_{tn}}{F_{0n}} \right) - 1 \right]$$

式中:ΔP——需调整的价格差额;

P_0——约定的付款证书中承包人应得到的已完成工程量的金额,不包括价格调整、不计质量保证金的扣留和支付、预付款的支付和扣回,也不包括约定的变更及已按现行价格计价的其他金额;

A——定值权重(不调部分的权重);

B_1、B_2、B_3……B_n——各可调因子的变值权重(可调部分的权重),为各可调因子在签约合同价中所占的比例;

F_{t1}、F_{t2}、F_{t3}……F_{tn}——各可调因子的现行价格指数,指约定的付款证书相关周期最后一天的前 42 天的各可调因子的价格指数;

F_{01}、F_{02}、F_{03}……F_{0n}——各可调因子的基本价格指数,指基准日期的各可调因子的价格指数。

价格调整公式中的各可调因子、定值和变值权重,以及基本价格指数及其来源在投标函附录价格指数和权重表中约定,非招标订立的合同,由合同当事人在专用合同条款中约定。价格指数应优先采用工程造价管理机构发布的价格指数,无前述价格指数时,可采用工程造价管理机构发布的价格代替。

第 2 种方法是差额调整法:材料、机械多采用此方法进行调整。

(1)人工单位价差的计算方法如下:

①合同价<政府发布价格时,单位价差=政府发布价格-合同价;

②合同价>政府发布价格时,不计单位价差。

(2)材料单位价差的计算方法如下:

①合同价<基期价时,涨幅以基期价为基础,(当期价-基期价)/基期价>5%时,单位价差=第 n 期价-基期价×(1+5%);跌幅以合同价为基础,(当期价-合同价)/合同价<-5%时,单位价差=第 n 期价-合同价×(1-5%)。

②合同价>基期价时,涨幅以合同价为基础,(当期价-合同价)/合同价>5%时,单位价差=第 n 期价-合同价×(1+5%);跌幅以基期价为基础,(当期价-基期价)/基期价<-5%时,单位价差=第 n 期价-基期价×(1-5%)。

③合同价=基期价时,(当期价-基期价)/基期价>5%,单位价差=第 n 期价-基期价×(1+5%);(当期价-基期价)/基期价<-5%,单位价差=第 n 期价-基期价×(1-5%)。

(3)机械:按约定调整。

除此之外还有更复杂的材料调差方法,就是根据信息价或者甲方确定的价格调整,只有一期的市场价还好,但要一个季度、半年或者一年调一次差,材料的价格是时时在变的,每期统计的材料发生量也不一样,手动加权计算的难度很大。通过一些方法计算出量和价后,接下来就是价差的计算,过程中需要考虑刚才提到的风险幅度,根据调差因素确定单位价差,再根据单位价差计算涨幅,根据涨幅确定是否要调差,再计入造价,这就是一种材料的调差思路,最后再把整个工程调过差的材料汇总。

接下来,我们介绍在云计价平台验工计价部分是如何对材料进行调差的。

进入人材机汇总界面,选择要调差的周期,点击"材料调差",如图 2-6-28 所示。我们在软件中可分六步完成材料调差工作,操作顺序和平时手动调差的思路一致。

图 2-6-28　点击"材料调差"

(1)筛选要调差的材料。

筛选要调差的材料有两种方式,第一种是"从人材机汇总选择",第二种是"自动过滤调差材料",如图 2-6-29 所示。

图 2-6-29　筛选要调差的材料的两种方式

点击"从人材机汇总选择",可在弹出的对话框中灵活地挑选要调差的材料,如图 2-6-30 所示。

图 2-6-30　挑选要调差的材料

自动过滤调差材料(见图 2-6-31)有以下三种方式：

①选择"合同计价文件中主要材料、工程设备"，工程中的要调差的材料和设备为主材时可选择此项；

②选择"取合同中材料价值排在前××位的材料"，要调差的材料是按其价值排在前多少位的筛选可用此选项快速完成；

③选择"取占合同中材料总值××%的所有材料"，材料单价可能不贵，但用量大，总价值高，要调差的材料按总价值筛选可选择此项。

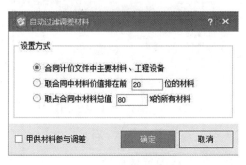

图 2-6-31　点击"自动过滤调差材料"

我们采用"从人材机汇总选择"挑选要调差的材料，选择完毕后，这些材料就会在材料调差中呈现。

(2)设置风险幅度范围。

2013年版工程量清单计价规范指出，有约定从约定，无约定按±5%设置，风险范围内的材料不参与调差。给出风险范围，软件会自动计算。

点击"风险幅度范围"可以对所有要调差的材料统一设置风险幅度，如图 2-6-32 所示。针对个别风险幅度不同的材料，可点击"风险幅度范围"单元格输入这种材料的幅度范围。

图 2-6-32　点击"风险幅度范围"

(3)选择调差方法。

软件把规范中规定的价格指数调整法、差额调整法等常用调差方法都做了内置，可以根据工程合同要求直接选择，在这里我们选择当期价与合同价的差额调整法，如图 2-6-33 所示。

图 2-6-33　选择调差方法

(4)设置调差周期。

设置调差周期主要考虑有些工程在进度报量过程中会要求每半年或一季度对材料统一调一次价,如果一个季度调一次差,我们刚开始做调差时就在这里选择 1 到 3 周期,如图 2-6-34 所示。

图 2-6-34　点击"设置调差周期"

(5)确定材料价格。

方法 1:通过批量载价的功能快速确定材料价。

点击"载价"可以选择载入结算价或基期价,如图 2-6-35 所示。

图 2-6-35　点击"载价"选择结算价或基期价

我们可以在载价的过程中对材料进行加权平均和量价加权处理,只要在载价时勾选,如图 2-6-36 所示。

图 2-6-36　选择加权平均或量价加权

方法2：手动输入。

在"各种型钢"材料中把第3期单价改为4400，在"螺纹钢筋（综合）"材料中把第3期单价改为3800，只有"各种型钢"材料行的底色变为黄色。继续查看发现，"第3期单价涨/跌幅（%）"单元格中，各种型钢显示10%，超出偏差5%，螺纹钢筋显示2.7，未超出。对于超出风险幅度范围的材料，软件还会自动计算当期单价价差、当期价差合计、累计价差，如图2-6-37所示。由此可见，如果超出风险幅度范围，软件会自动用黄色显示提醒并计算价差。

图 2-6-37　手动输入的界面

练习

根据图纸完成人材机调差。

（6）价差取费。

在人材机调差界面，可以看到价差取费默认取税金，如图2-6-38所示。

图 2-6-38　价差取费默认取税金

切换至费用汇总界面能看到价差只取税金，如图2-6-39所示。

图 2-6-39　费用汇总

如果价差要同时记取规费和税金，我们要在人材机调差界面调整，点击"价差取费设置"在弹出的对话框中对材料取费进行统一设置（个别材料要修改可点击对应取费单元格调整），如图 2-6-40 所示。

图 2-6-40　点击"价差取费设置"进行统一设置

修改完毕后进入费用汇总界面可以看到价差规费和价差税金，如图 2-6-41 所示。

图 2-6-41　费用汇总界面的价差规费和价差税金

在调差的过程中还会遇到一种情况，即一个项目的几栋楼同时开工，材料也同时购买，那么价格就一致。想快速对整个材料进行调整，需要回到幸福小区项目界面点击"人材机调差"，这时调差可选的人材机就是整个项目所有单位工程的人材机，如图 2-6-42 所示。操作方法和分部分项的材料调差方法一样。

在进度报量过程中把每期要申报的量和价计算完毕后就可以进入报表界面查量报量了，如图 2-6-43 所示。

我们还能在项目界面看到"造价分析"页签会快速统计单项工程和单位工程的造价信息，如图 2-6-44 所示。

图 2-6-42 所有单位工程的人材机

图 2-6-43 进入报表界面查量报量

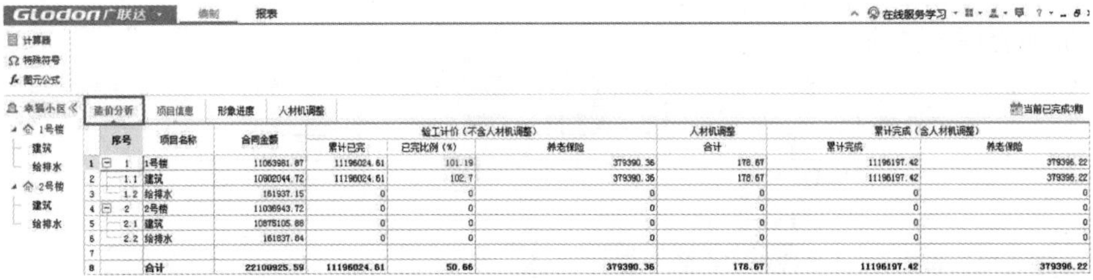

图 2-6-44 单项工程和单位工程的造价信息

> **练习**
>
> 根据图纸完成价差取费。

以上就是云计价平台验工计价部分的讲解，我们可以发现，软件能计算每个进度期的量、价，多期累计完成的量、价，每项工作在每个进度期的未完成量，也能量超预警，还能快速计量措施、其他项目。

2.6.3 竣工结算

介绍完进度报量之后，我们继续学习竣工结算工作在软件中的处理，我们将从竣工结算业务分析、合同内外的量价处理，以及结算指标分析四个方面介绍，如图 2-6-45 所示。

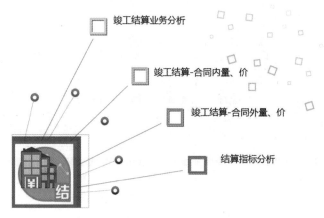

图 2-6-45 竣工结算的四个方面

1. 竣工结算业务分析

竣工结算分为分期结算和一次结算，如图 2-6-46 所示。分期结算是依据 2013 年版的工程量清单计价规范提出的，是指将甲乙双方签字确认的量和价直接作为最终竣工结算的一部分，不得进行二次确认，结合软件来看就是验工计价文件中处理的整个工程各进度期的量、价、材料都是竣工结算的依据。云计价平台强调的是平台化。在验工计价部分中可以看到，合同文件能够直接转为验工计价的文件并成为施工过程的依据。那么验工计价文件能不能转换为竣工结算文件呢？如果可以，结算工作会轻松很多。一次结算是我们较为熟悉的结算方式，在 2013 年版的工程量清单计价规范实施之前一直采用这种方式结算，分为合同内造价和合同外造价。

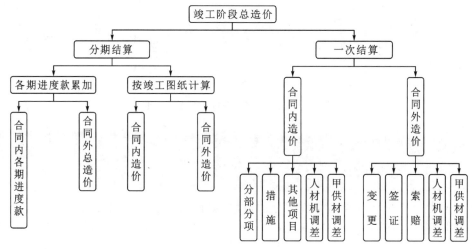

图 2-6-46 竣工阶段总造价

合同内造价计算时，工程如果采用固定单价合同，我们需要用结算工程量乘以合同单价，过程中要考虑结算工程量的变化是否超出风险幅度范围，应重新计算超出部分的综合单价，还要考虑人材机价差的调整，如图 2-6-47 所示。合同外的费用涉及变更、签证的量的计算，价格确认，采用原综合单价还是重新计算，保证依据文件完备。

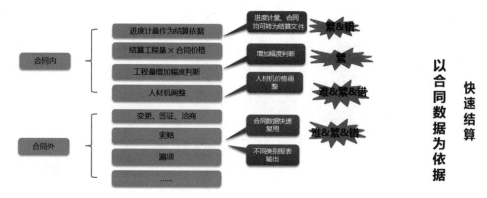

图 2-6-47　合同内量、价处理

2.竣工结算-合同内量、价处理

新建结算工程有 3 种方法。

方法 1：将验工计价文件转为结算文件。

如果工程采用 2013 年版的工程量清单计价规范规定的分期结算方式，软件可以快速将进度报量文件转换为竣工结算文件，方法是在平台界面选中验工计价工程，单击右键，选择"转为结算计价"，如图 2-6-48 所示。

图 2-6-48　将验工计价文件转为结算文件

方法 2：将合同文件转为结算文件。

当结算方式为一次结算时，我们要重新对工程的量、价进行核实，这时可以将合同文件转为结算文件，方法是在平台界面选中合同文件，单击右键，选择"转为结算计价"，如图 2-6-49 所示。

图 2-6-49　将合同文件转为结算文件

方法 3：新建结算计价。

在平台中点击"新建"，选择"新建结算项目"，如图 2-6-50 所示。

图 2-6-50　点击"新建结算项目"

在弹出的对话框中选择"新建结算计价"，选择要转换的文件（验工计价文件或合同预算文件，我们以一次结算方式为例，选择合同预算文件），如图 2-6-51 所示。

图 2-6-51 点击"新建结算计价"并选择新建文件

进入竣工计价界面可以看到,上方菜单按结算工作流程分为编制、报表、指标,左侧导航栏按合同内、合同外清晰划分,如图 2-6-52 所示。

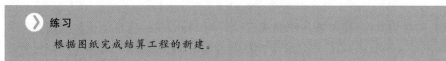

图 2-6-52 竣工计价界面

合同内计价要做哪些工作?我们将从量差、措施项目、价差这三个方面讲解,重点学习结算工程量的输入、量差超过 15% 时的处理方法、人材机分期调差。

> **练习**
>
> 根据图纸完成结算工程的新建。

1)合同内量差

2013年版的工程量清单计价规范明确说明,清单工程量偏差低于15%的,综合单价不予调整,量差超过15%的,超出部分的综合单价要调整。根据这条规定,我们在做结算时要把每一条清单的合同工程量和结算工程量进行对比,找出量差大于15%的项目,再重新计算超出15%部分工程量的综合单价。

利用软件处理合同内量差的思路是一样的,分两步考虑:①如何将结算工程量输入软件;②超出合同规定的量差如何处理。

接下来进入软件学习。切换到单位工程级,点击1号楼的建筑工程。

(1)输入结算工程量。

方法1:提取工程量。结算时如果采用竣工图复算法,根据竣工图纸重新画图,可点击"提取结算工程量",选择"从算量文件提取",把算量软件中计算的工程量提取出来,如图2-6-53所示。

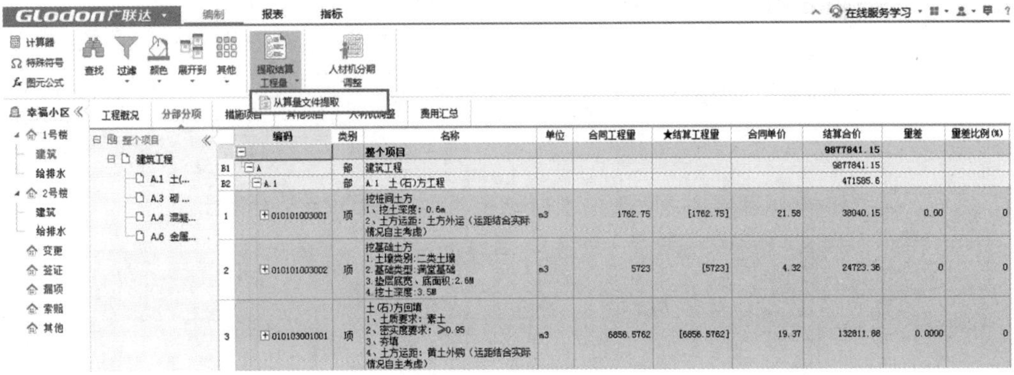

图 2-6-53　提取结算工程量

方法2:手动输入。把砖基础这条清单项的结算工程量改为80,软件就会自动显示量差和量差比例,如图2-6-54所示。

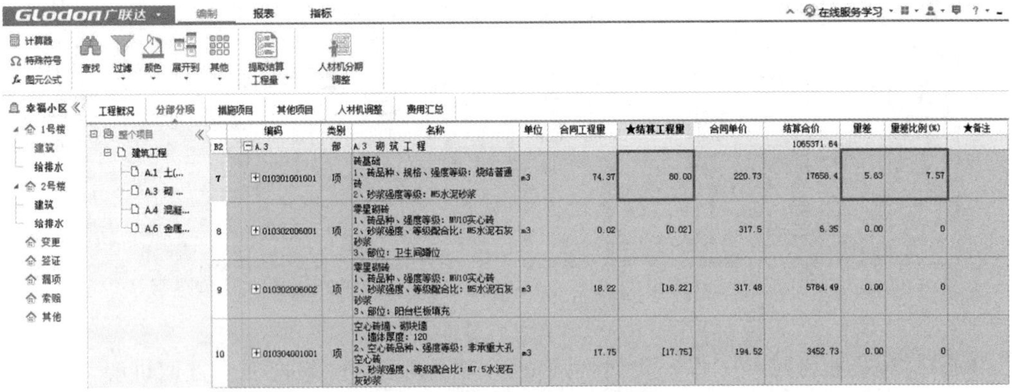

图 2-6-54　手动输入结算工程量

把"空心砖墙、砌块墙"这条清单项的结算工程量改为1100,软件就自动计算出量差和量差比例,会根据规范规定的量差幅度15%自动计算是否超出(超出结算工程量和量差比例就会用红色显示提醒),如图2-6-55所示。

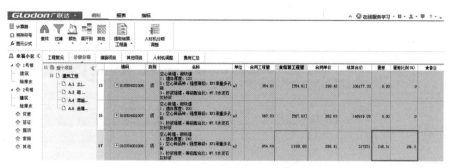

图 2-6-55　自动计算量差和量差比例

如果合同规定的偏差幅度和规范规定的不一致,我们只需要在"Glodon 广联达"下拉菜单中点击"选项",选择"结算设置",根据合同要求修改,如图 2-6-56 所示。

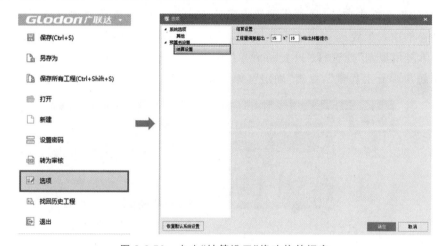

图 2-6-56　点击"结算设置"修改偏差幅度

(2)15% 以上量差处理。

"空心砖墙、砌块墙"这条清单项的量差比例为 28.7%,超出 15% 的部分量差为 245.31,这部分工程量可以放在合同外处理,我们选择合同外的"其他",单击右键,点击"新建其他",在工程名称单元格输入"量差调整",选择工程对应的清单专业、定额库、定额专业,点击"确定",如图 2-6-57 所示。

图 2-6-57　在合同外处理量差

进入量差调整工程,快速查找到合同内量差超过15%的清单项,点击"复用合同清单"功能键,如图2-6-58所示。

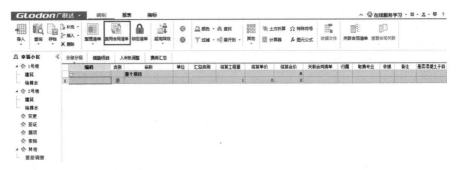

图2-6-58　点击"复用合同清单"

在弹出的对话框中勾选"量差范围超出正负15%",软件会自动过滤出合同清单量差超过15%的清单项。想要进一步缩小范围时,可输入名称或关键字过滤,勾选要复用的清单项,在"清单复用规则"处选择"只复制清单",在"工程量复用规则"处选择"超出量差幅度时,只复制超出部分工程量",点击"确定",如图2-6-59所示。

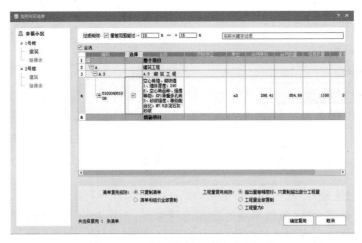

图2-6-59　在"复用合同清单"中设置

软件会弹出"是否将复用部分工程量在原清单中扣除"对话框,点击"是",合同内的结算工程量会自动扣除超出部分;点击"否",合同内结算工程量不变,超出15%部分的工程量被提取过来。我们点击"是",如图2-6-60和图2-6-61所示。

提取超出部分的工程量后,套定额重新确定综合单价。

图2-6-60　点击"是"扣除复用部分工程量

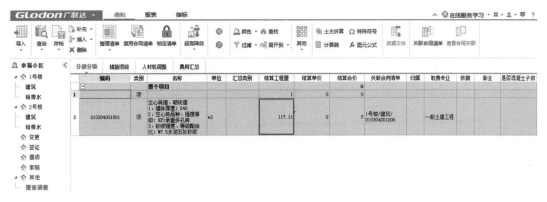

图 2-6-61 提取超出部分的工程量

再回到合同内查看这条清单可以实现,结算工程量由 1100 变为 982.89,量差由 245.31 变为 128.2,量差比例由 28.7% 恢复到 15%,这样,超出部分的工程量在合同内就被扣除了,如图 2-6-62 所示。

图 2-6-62 超出部分的工程量被扣除

练习

根据图纸完成合同内量差调整。

2)措施项目

措施项目的结算方式可分为总价包干和可调措施。总价包干是指结算价以合同价为准,是固定总价合同;可调措施是指结算价格可以根据实际情况修改,通常是固定单价合同。工程变更非常大时,我们可能不再采用原文件要求,如安全文明施工费的计算基数是分部分项合计+措施项目合计扣除安全文明施工+其他项目合计,这三项中有一项变化非常大时就需要双方协商考虑执行原文件还是把结算方式改为可调措施。在软件中,我们可以点击"结算方式"单元格进行调整,也可以在"结算方式"功能键中选择"可调措施"或"总价包干",如图 2-6-63 所示。

图 2-6-63 选择措施项目的结算方式

> **练习**
> 根据图纸完成措施项目的编制。

3) 合同内价差处理

竣工结算阶段价差调整主要为单位工程中人材机调差和项目级人材机调差,方法和验工计价一样,我们就不赘述了。工程中还会遇到一种情况:施工过程中,施工方不需要向甲方上报调差结果,但最终结算时又需要按分期实际发生的量和价调差。这种调差方式在软件中分两部分处理:先在分部分项界面设置分期,再在人材机调整界面调差。

接下来,我们进入软件学习详细的操作方法。

(1) 选择分期调差。

在分部分项界面点击"人材机分期调整",软件会弹出对话框提醒我们是否对人材机进行分期调差(见图 2-6-64):选择"是"即采用分期调差,在分期工程量明细中输入分期工程量,结算工程量等于分期量之和;选择"否"将采用统一调差,直接输入结算工程量。

图 2-6-64 点击"人材机分期设置"

(2) 选择分期方式。

在"你是否要对人材机进行分期调整"对话框选择"是",在"总期数"单元格输入要分期的期数(我们输入 3),选择分期输入方式(有按分期工程量输入和按分期比例输入两种方式,我们以按分期工程量输入为例),点击"确定",如图 2-6-65 所示。

图 2-6-65 输入总期数并选择分期输入方式

(3)设置分期工程量明细。

在分部分项界面点击"分期工程量明细",定位要分期的清单行,第 1 期比例默认为 100%,"结果"单元格默认工程量为选中清单项的结算工程量,如图 2-6-66 所示。

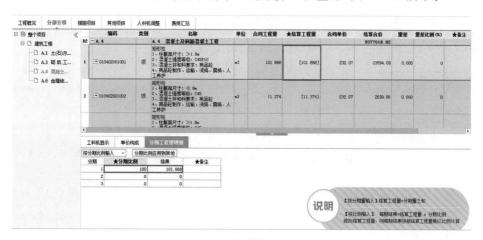

图 2-6-66 设置分期工程量明细

(4)输入各期比例。

根据工程情况输入这 3 期的比例,输入完毕后,若其他清单项也执行此比例关系,可将分期比例应用到当前分部或者分部分项所有清单项,如图 2-6-67 所示。

> 练习
>
> 根据图纸完成分部分项界面的分期设置。

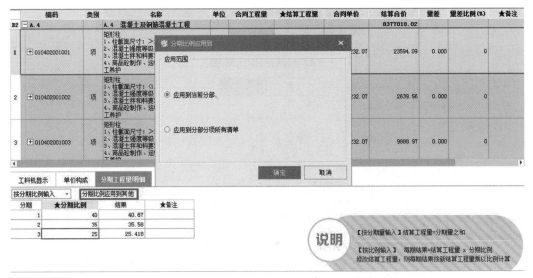

图 2-6-67　将分期比例应用到当前分部或分部分项所有清单

4）人材机调整界面调差

切换到人材机调整界面，点击"材料调差"，之前设置的 3 个分期就能在这里看到了，如图 2-6-68 所示。

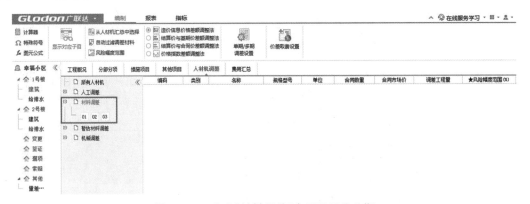

图 2-6-68　点击"材料调差"查看设置的分期

接下来的操作和验工计价的人材机调差的操作只有第四步（选择调差周期）的操作方法不同。

第一步：筛选要调差的材料。

第二步：设置风险幅度范围。

第三步：选择调差方法。

第四步：设置调差周期。

点击"单期/多期偏差设置"，如图 2-6-69 所示。单期设置的意思是软件根据在人材机分期调整设置的总期数、每期中的分期的量来计算当期的发生量，每个分期记一次差，分期结算单价分别输入，最后计入总价差；多期调整是指可把之前设置的分期分多次进行价差调差，如以季度或年为单位调一次差，确定结算单价时进行量价加权，最后计入总价差。

图 2-6-69 点击"单期/多期偏差设置"

我们选择"多期调差",设置的分期可以被灵活的划分为不同的调差段(第 1 分期到 2 分期调一次差,把第 1 次调差选择为 1 至 2 期,再点击添加按钮,选择第 2 次调差,如果有第 3 次调差,用一样的方法继续设置,设置完毕后点击"确定"按钮,如图 2-6-70 所示。

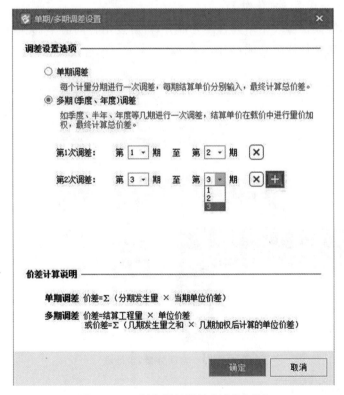

图 2-6-70 划分调差段并点击"确定"

这时,材料调差周期变为按多期调差设置的总调差次数,材料工程量也会自动重新计算,如图 2-6-71 所示。

图 2-6-71 材料调差周期和材料工程量变化

第五步:确定材料价格。

第六步:价差取费。

> 练习
>
> 根据图纸完成人材机的调差。

3. 竣工结算-合同外量、价处理

接下来,我们继续学习竣工结算合同外部分,讲解复用合同清单、关联依据、人材机参与调差、导入历史变更文件四个功能,如图 2-6-72 所示。

图 2-6-72 合同外量、价处理

1)复用合同清单

合同外产生的量差通常来源于两种情况:一种是要求结算工程量和合同工程量保持一致,超出部分工程量放在合同外处理;另一种是由合同工作内容的增减、合同工程量的变化、设计变更等带来的合同工程量的变化。这些合同外的工程量在软件中如何操作呢?

进入软件,以"异形柱"清单项为例,可以看到结算工程量为 700,合同工程量为 596.002,当工程要求结算工程量和合同工程量一致,超出部分的量和价将放在合同外计算，如图 2-6-73 所示。

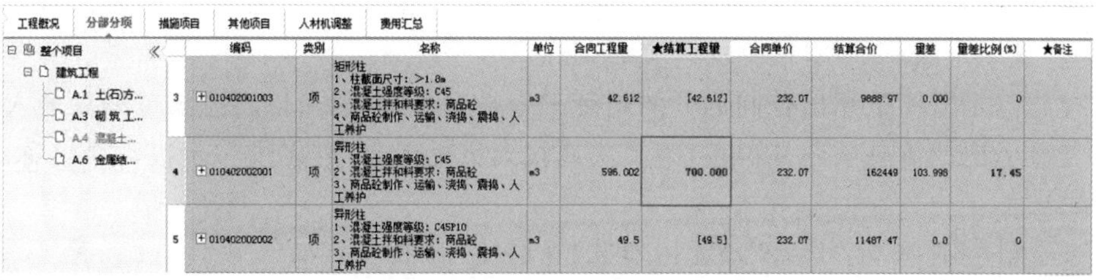

	编码	类别	名称	单位	合同工程量	★结算工程量	合同单价	结算合价	量差	量差比例(%)	★备注
3	010402001003	项	矩形柱 1、柱截面尺寸：>1.8m 2、混凝土强度等级：C45 3、混凝土拌和料要求：商品砼 4、商品砼制作、运输、浇捣、震捣、人工养护	m3	42.612	[42.612]	232.07	9888.97	0.000	0	
4	010402002001	项	异形柱 1、混凝土强度等级：C45 2、混凝土拌和料要求：商品砼 3、商品砼制作、运输、浇捣、震捣、人工养护	m3	596.002	700.000	232.07	162449	103.998	17.45	
5	010402002002	项	异形柱 1、混凝土强度等级：C45P10 2、混凝土拌和料要求：商品砼 3、商品砼制作、运输、浇捣、震捣、人工养护	m3	49.5	[49.5]	232.07	11487.47	0.0	0	

图 2-6-73　以“异形柱”清单项为例

我们把这部分放在变更中处理，在导航栏选择“变更”，单击右键选择“新建变更”，如图 2-6-74 所示。

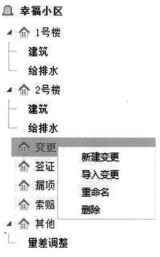

图 2-6-74　点击“新建变更”

输入变更单的信息，点击“确定”按钮，如图 2-6-75 所示。

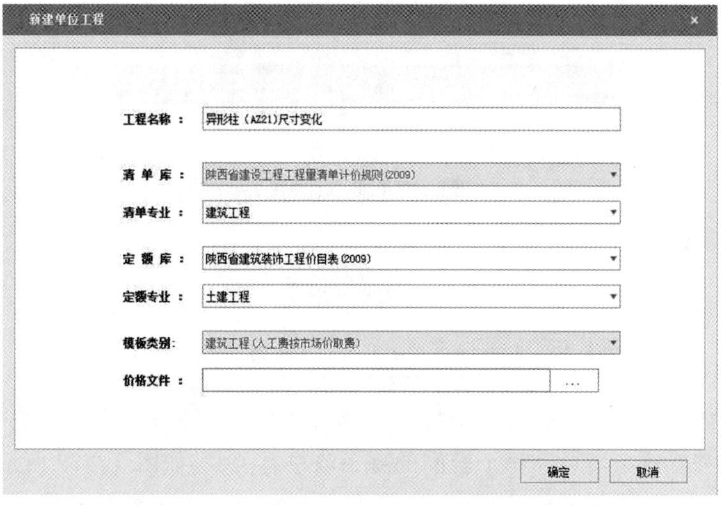

图 2-6-75　输入变更单的信息并点击“确定”

要把合同内超出部分工程量快速提取到合同外,可以利用"复用合同清单"功能,如图 2-6-76 所示。

填写"复用合同清单"对话框的内容需要注意 5 个位置:

①过滤范围需要把超出合同部分的结算工程量全部提取,所以在过滤范围处输入"0";

②若显示出的清单项还是很多,为了快速找到目标清单,可以进一步按清单名称或关键字过滤;

③勾选目标清单,在"选择"单元格勾选"异形柱"清单项;

④变更部分在合同内能找到相同或相似的清单,综合单价直接引用,所以"清单复用规则"选择"清单和组价全部复制";

⑤"工程量复用规则"选择"超出量差幅度时,只复制超出部分工程量"。

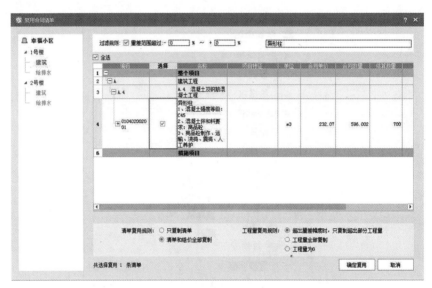

图 2-6-76　利用"复用合同清单"提取异形柱工程量

软件会弹出"是否将复用部分工程量在原清单中扣除"的提示,我们点击"是",如图 2-6-77 所示。

图 2-6-77　点击"是"将复用部分工程量在原清单中扣除

这样,超出部分的工程量就被提取过来了,结算单价、结算合价也自动统计了。"关联合同清单"功能能查看这条清单和哪个合同的哪条清单有关联,如图 2-6-78 所示。

再回到合同内查看"异形柱"这条清单项可以发现,结算工程量和合同工程量相同,如图 2-6-79 所示。

图 2-6-78 查看"关联合同清单"

图 2-6-79 查看"异形柱"清单项

2)关联依据

同类文件查看完毕后,继续回到合同外异形柱,软件提供了"依据"功能。点击项目对应的"依据"单元格,点击"依据文件",如图 2-6-80 所示。

图 2-6-80 点击"依据文件"使用"依据"功能

选择要添加的文件,文件格式不限,如图 2-6-81 所示。

图 2-6-81 点击"添加依据"并选择要添加的文件

续图 2-6-81

3) 人材机参与调差

若要求合同外的人材机也参与调差,切换到人材机调整界面,点击"人材机参与调差",这样,合同内外相同人材机的计算方式就相同了,价格也保持一致了,如图 2-6-82 所示。

图 2-6-82　点击"人材机参与调差"

4) 导入历史变更文件

如果合同外的费用已经用预算文件做好了,我们可以直接将文件导入结算部分。以变更为例,在导航栏选中"变更",单击右键,选择"导入变更",如图 2-6-83 所示。

图 2-6-83　点击"导入变更"

在弹出的对话框中选择要导入的文件(我们选择"1 号楼 KL13 变更单"),点击"打开",如图 2-6-84 所示。能导入的工程文件包括 GBQ4.0 和云计价平台 GCCP5.0 做的项目文件和单位工程文件。

图 2-6-84 选择要导入的文件并点击"打开"

这样,合同外费用文件就被导入了,如图 2-6-85 所示。

图 2-6-85 "1号楼 KL13 变更单"被导入

> 练习
>
> 根据图纸完成合同外量、价处理。

4. 结算指标分析

结算指标分析是成本分析的主要部分,包含对合同内外所有指标信息的分析。

在指标分析之前要对合同外的费用指定归属。选中合同外的费用文件,单击右键,选择"工程归属",在弹出的对话框中选择归属位置,如图 2-6-86 所示。

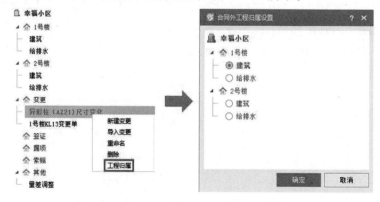

图 2-6-86 点击"工程归属"并选择归属位置

切换到"指标"页签，根据实际情况输入工程信息，"计算口径"选择"建筑面积"，在下方"计算口径设置"处输入建筑面积的数值，如图2-6-87所示。

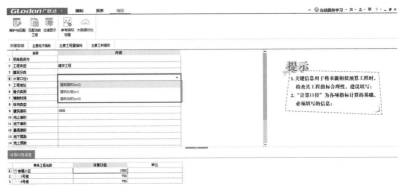

图2-6-87　输入建筑面积的数值

工程信息输入完毕后就可以查看各项指标信息了。软件可以从工程、专业、费用三个不同的维度分析主要经济指标，如图2-6-88所示。

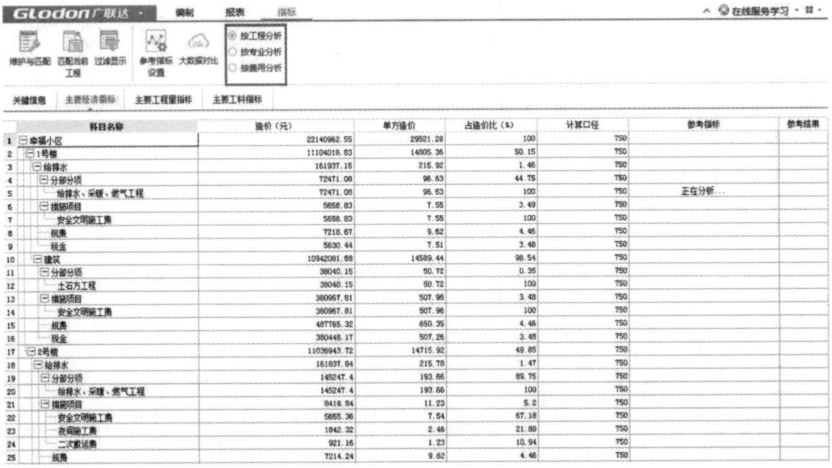

图2-6-88　分析主要经济指标

软件也可以从不同维度分析主要工程量指标、主要工料指标，如图2-6-89所示。

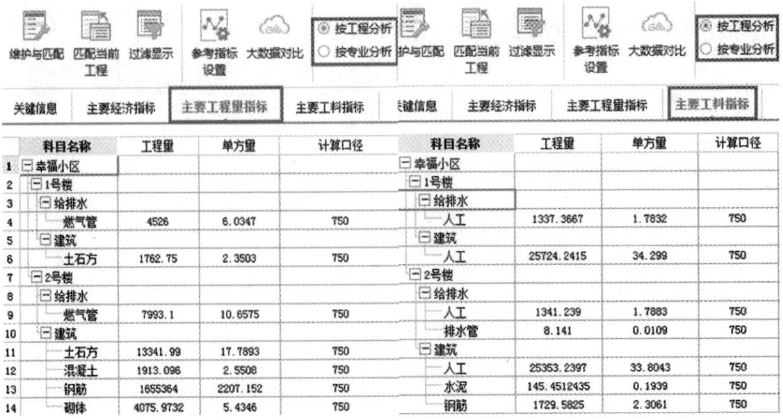

图2-6-89　分析主要工程量指标、主要工料指标

本工程的指标信息查看完毕后,如果还想查看与同类工程相比指标数据是否在合理范围内,可以点击"大数据对比"查看,如图 2-6-90 所示。

图 2-6-90　点击"大数据对比"查看与同类工程的对比

在弹出的对话框中把缺失的信息补齐,点击"下一步",如图 2-6-91 所示。

图 2-6-91　补齐缺失的信息并点击"下一步"

分析完毕后,不同类型的指标数据呈现出来,如图 2-6-92 所示。

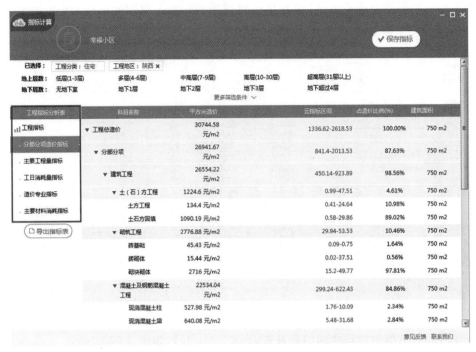

图 2-6-92　分析不同类型的指标数据

> **练习**
>
> 根据图纸完成结算指标分析。

以上是云计价平台的验工计价和竣工结算的内容讲解,希望大家通过本次课程学会应用平台化软件做进度报量和竣工结算。

2.7　审核部分

审核部分将会从审核业务介绍、预算审核、结算审核等方面讲解。

2.7.1　审核业务介绍

工程的全生命周期分为立项阶段、招投标阶段、施工阶段、结算阶段、竣工结算阶段,不同阶段需要编制不同的工程文件。整个项目需要多方配合。为了保障项目成本合理,工程要有审核工作,审核工作发生得最多的阶段就是招投标阶段、施工阶段和结算阶段。这三个阶段需要编制工程文件,由于编制的角色不同,审核的对象也就不同。如果甲方委托咨询单位编制招标文件,完成提交后甲方是需要审核的。施工过程中甲方和咨询单位会对施工方的文件进行审核,施工单位又会对分包单位的文件进行审核。当然,公司内部也存在多级审核。只要编制造价就会存在造价审核。

可见，从招投标阶段开始，经过施工阶段，到结算阶段都会存在审核业务，如图 2-7-1 所示。

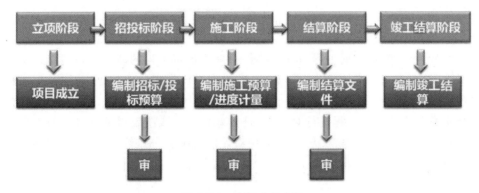

图 2-7-1　审核业务介绍

了解完审核业务后，我们接下来介绍审核的方式。

不管是内部审核还是外部审核，审核的方式一般都分为三种，如图 2-7-2 所示。

逐项审核是把送审方报送的工程文件复制一份，再在报送工程文件的基础上进行修改，修改结果就是审核结果。这种审核方式能高效完成审核工作，但审核思路易受送审文件影响，不容易发现错报的问题。

对比审核是将送审方和审核方编制的文件进行对比，再逐项查找差异项，修改审核方造价后成为最终的审核结果。工程中的清单定额项很多，双方的编制思路有差异，所以逐项对比是非常困难的。

重点审核不需要对送审工程进行一一查看，而是二次抽查或者只对重点项进行审核：已经外包给咨询单位的审核项目，甲方单位进行复审；公司成本部对项目部进行审核。这种审核方式能够非常快速地完成审核工作，但是重点项的依据不够清晰，要根据审核人的经验确定本工程的重点项。

图 2-7-2　审核方式的对比

无论采用哪种审核方式，审核人都要找到差异项、出对比表和分析报告。那么这些工作在软件中如何操作呢？

云计价平台的审核部分主要解决和处理的是从预算到结算过程中工程造价各个阶段的审核，为企业提供外部审查核对、内部计价把控，以及多方造价对比。

2.7.2 预算审核

预算审核分为两种审核模式,即单审审核和对比审核,如图2-7-3所示。

单审审核就是之前提到的逐项审核,是在送审工程的基础上进行修改。操作流程是先将送审工程导入软件,再根据工程情况在软件中修改送审工程的清单项、工程量、价、材料,以及相关取费,整个工程审核修改完毕后,自动生成对比报表和审核报告,同时生成最终的送审文件。

对比审核是指将双方工程进行对比,再查找差异项。操作流程是将送审的工程文件全部导入软件,软件会自动匹配双方数据,确保对比时数据的一致性,接下来在软件中修改审定数据,修改完毕后生成对比报表和审核报告,生成的审核结果和单审审核模式相同。

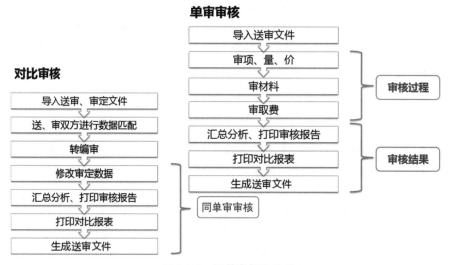

图 2-7-3 预算审核的分类

不管是单审审核还是对比审核,我们在介绍时都将分为新建工程、分部分项审核、其他部分审核、报表及其他四个部分讲解,如图2-7-4所示。

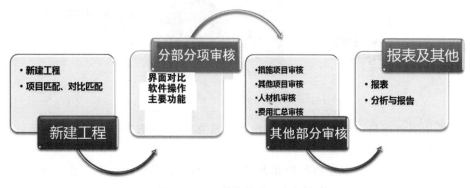

图 2-7-4 预算审核的四个部分

1. 新建工程

接下来,我们一起学习新建工程的操作,掌握工程的建立、项目匹配和对比匹配的操作方法。

在云计价平台中点击"新建",选择"新建审核项目",如图 2-7-5 所示。

图 2-7-5 选择"新建审核项目"

在弹出的对话框中可以看到,软件支持预算审核中的单审审核和对比审核两种模式,如图 2-7-6 所示。

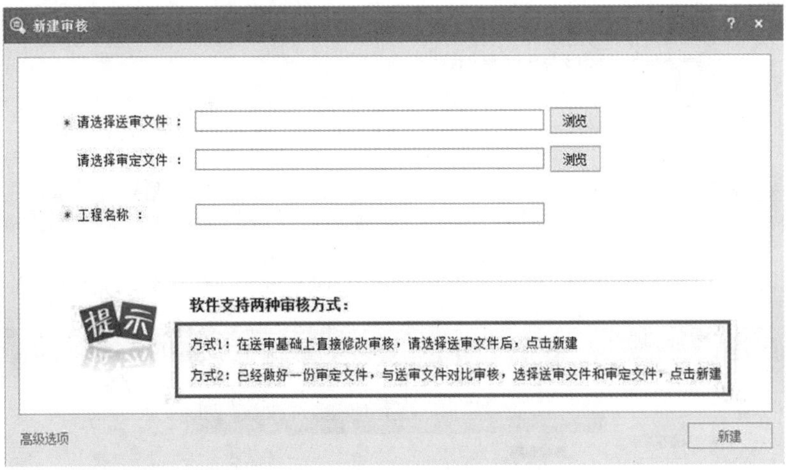

图 2-7-6 软件支持两种审核方式

单审模式只在"请选择送审文件"位置处加载工程。当我们选择施工方提交的"幸福小区办公楼"工程文件时,"工程名称"栏自动默认本工程名称并显示审核,点击"新建",就完成了单审审核方式的新建工作,如图 2-7-7 所示。

当工程采用对比审核时,我们要把送审文件和审定文件都加载到软件中,这时的工程名称以审定文件命名并显示审核字样,如图 2-7-8 所示。

点击"高级选项",可选择两个文件在匹配时清单项的匹配规则,设置完毕后点击"新建",如图 2-7-9 所示。

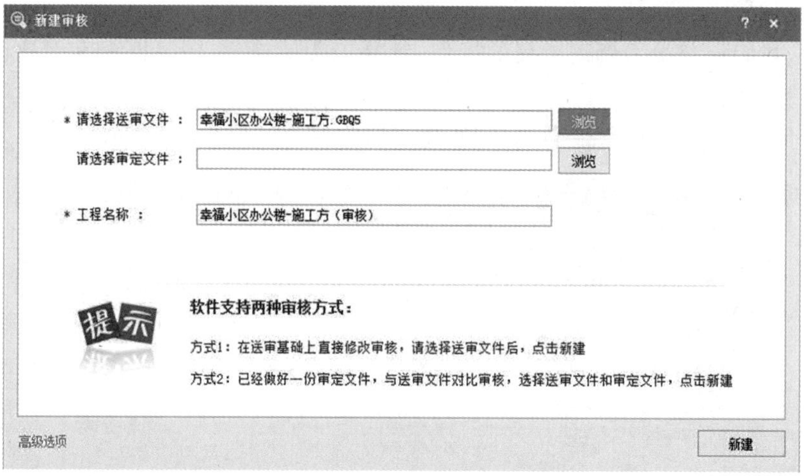

图 2-7-7　单审审核方式的新建工作

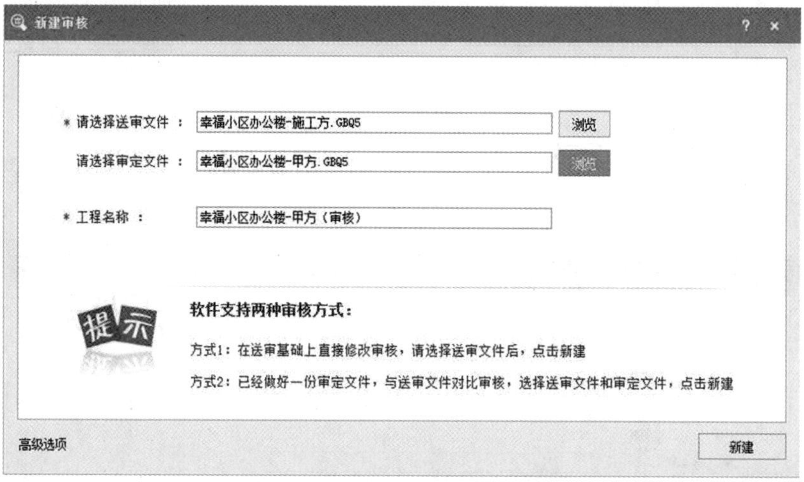

图 2-7-8　对比审核方式的新建工作

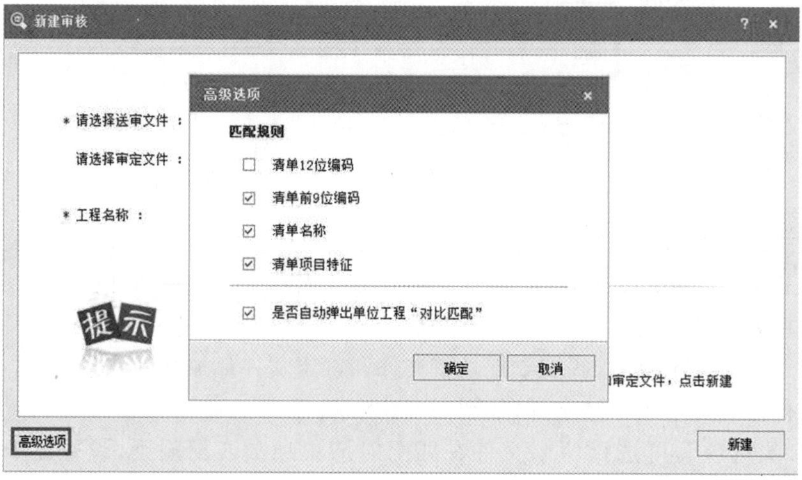

图 2-7-9　"新建审核"中的"高级选项"

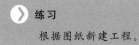

> **练习**
> 根据图纸新建工程。

软件以审定数据为基础,送审工程和审定工程的项目架构和名称相同时才能匹配。因为不同的造价人员编制的工程文件的级别的划分方式和名称会有差异,所以在软件无法自动匹配时,要手动匹配,如图 2-7-10 所示。

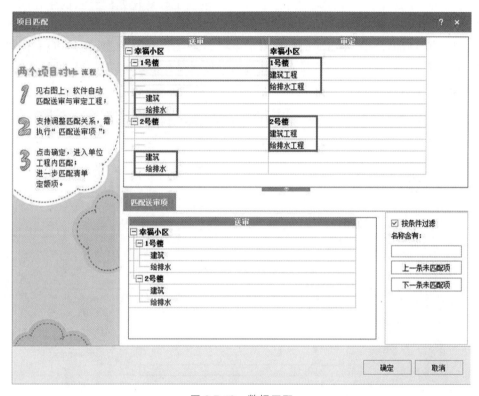

图 2-7-10 数据匹配

数据匹配是以审定数据为基础的,所以要查看送审工程中的哪个单位工程和审定的建筑工程匹配,步骤(见图 2-7-11)如下:

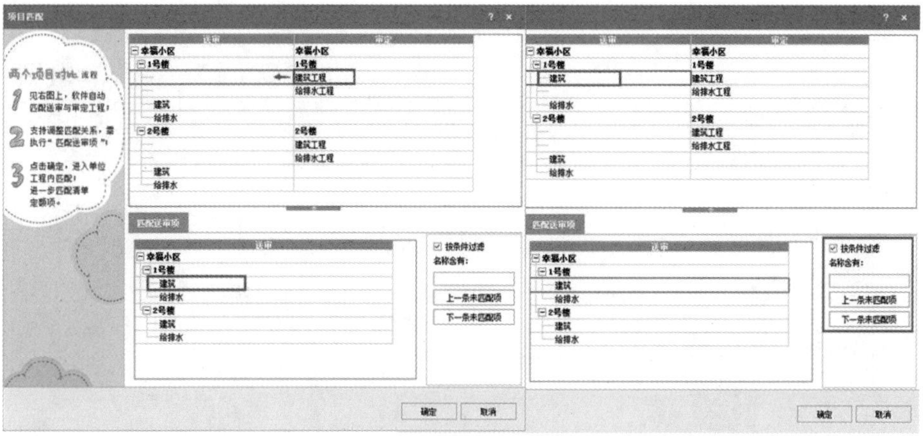

图 2-7-11 数据匹配步骤

①把鼠标定位在 1 号楼建筑工程对应的送审工程单元格；
②在下方的"匹配送审项"中双击要匹配的单位工程；
③单位工程名称显示在上方送审工程单元格中并和审定工程匹配。

工程中的单位工程过多，想快速查找时，可利用过滤功能在对话框的右下角输入工程名称。

单位工程匹配完毕后点击"确定"，如图 2-7-12 所示，软件会弹出"对比匹配"对话框，这是因为刚才在"高级选项"中勾选了"是否自动弹出单位工程对比匹配"，目的是让两个工程的清单和定额在对比的过程中更一致。如图 2-7-13 所示，送审方的挖桩间土方清单项在审定工程中没有对应的清单，点击对应的审定清单项的任意单元格，在"匹配送审项"中可以看到审定的挖桩间土方清单项，两者没有匹配是因为特征存在差异，如果要将两条清单进行对比，需要手动匹配。

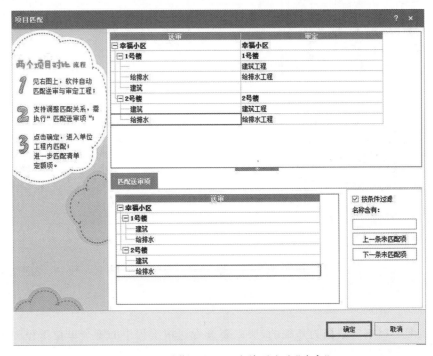

图 2-7-12　单位工程匹配完毕后点击"确定"

图 2-7-13　送审方的清单和审定方的清单未匹配

手动匹配的操作方法（见图2-7-14）如下：
①将鼠标定位到审定行，下方的"匹配送审项"显示关联的送审方的清单；
②双击显示在"匹配送审项"中的关联清单进行匹配。

图2-7-14　手动匹配的操作方法

手动匹配完毕后点击"确定"进入软件可见"造价分析""项目信息""取费设置""人材机汇总"菜单。点击"造价分析"，我们能看到整个工程送审和审定的所有单位工程的详细信息，包括金额、建筑面积、单方造价等，能从"增减金额"和"增减比例"中清晰地看出审核结果，如图2-7-15所示。工程中的三材占的比例较大，软件单独把三材按项目级汇总，显示送审数量、审定数量和增减数量。

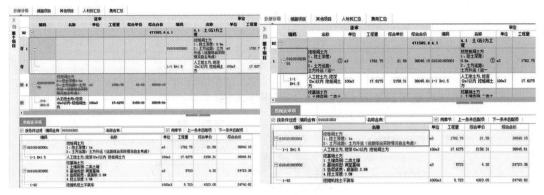

图2-7-15　所有单位工程的详细信息

"项目信息"菜单包含项目信息、造价一览、编制说明、审核过程记录。

项目信息反映这个工程的基本信息，关键信息用红色字体显示；造价一览显示这个工程送审和审定的造价结果；编制说明中内置了一些辅助做编制说明的小功能，如文档的格式、字形、字号等可以自己设计；审核过程记录是根据审核时间、审核内容和审核人进行记录，如专业不同，审核人就不同，公司内部设有多级审查制度时，流转审核过程需要留底，就可以在这里做记录，便于后续责任到人。

"取费设置"菜单根据当地费用文件规定，把规费、管理费和利润的费率呈现出来，使用户可以对整个项目的所有单位工程进行统一调整或设置，如图2-7-16所示。

"人材机汇总"菜单把整个项目的所有人材机汇总在一起。用户可以进行送审和审定的对比，也可以在这里直接修改审定方人材机市场价。

图 2-7-16 "取费设置"菜单

至此,我们讲解完了预算审核的新建工程部分,如图 2-7-17 所示。

图 2-7-17 预算审核的新建工程部分

2. 分部分项审核

分部分项审核的内容包括界面对比、软件操作、主要功能。

1) 界面对比

点击 1 号楼建筑工程,进入单位工程,熟悉整体界面,如图 2-7-18 所示。

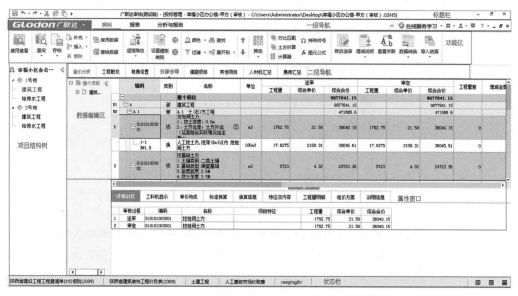

图 2-7-18 界面介绍

标题栏:在软件最上方,写有工程名称,有保存、撤销、复制、剪切、粘贴等功能。
一级导航:有"Glodon 广联达"下拉菜单、"编制""报表""分析与报告"等功能。

功能区:每个界面功能的呈现区域。
项目结构树:软件最左侧的一列,在这里切换项目、单项工程、单位工程的界面。
二级导航:可以切换到不同的编辑界面,如从分部分项切换到措施项目。
数据编辑区:最主要的操作界面。
属性窗口:对应显示数据编辑区的详细信息。
状态栏:软件最下方,显示软件选用规则的基本信息。
单审审核和对比审核两种模式的界面的差异如图2-7-19所示。
对比审核把两个工程进行对比,软件会以不同颜色的增、删、改显示差异;单审审核把送审工程自动复制一份再修改审定工程。

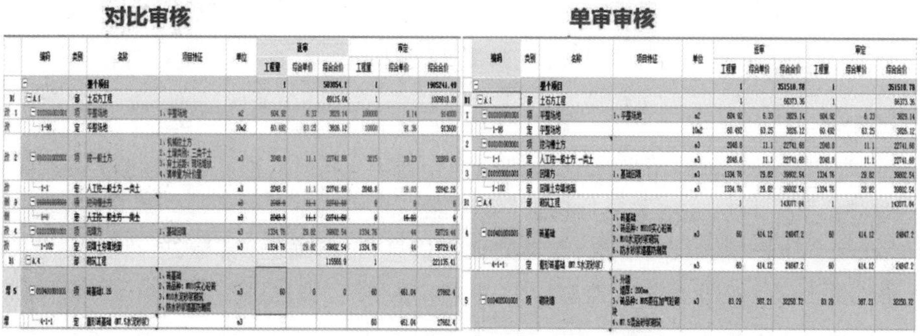

图 2-7-19　单审审核和对比审核两种模式的界面的差异

接下来,我们以单审审核为例讲解软件操作。

> 练习
> 根据图纸完成分部分项的审核。

2)软件操作
(1)数据编辑区。

审核工程时,审核人经常会对已有工程进行修改,包括增、删、改。把挖桩间土方工程的审定方的清单工程量改为2000,软件会自动显示两个工程中的这两条清单的工程量差以及增减金额,整条清单项变为红色,呈现"改"的标识;审核过程涉及增加或删除,软件同样会做颜色区分并标识。除此之外,对于修改的信息,软件会出现"增减说明",审核人可以从说明信息中看到变化的是量还是价、清楚增减过程和原因,还可以对增减说明进行编辑以满足工程需要,如图2-7-20所示。

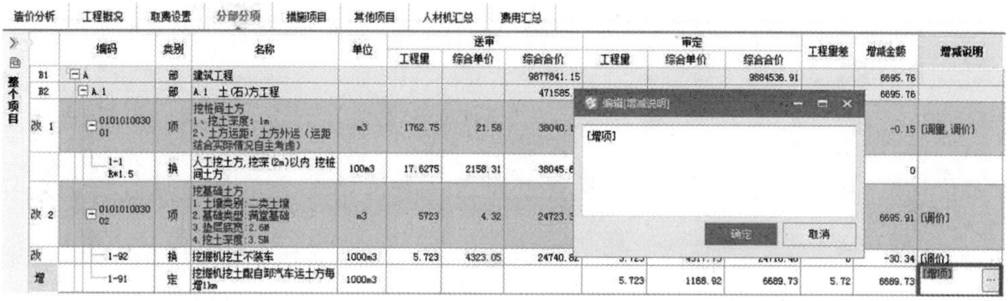

图 2-7-20　点击并编辑"增减说明"

如果不需要显示增减说明，审核人可以在功能区点击"增减说明"，选择"批量删除"，需要显示时再点击"批量生成"，如图 2-7-21 所示。

图 2-7-21　批量删除和批量生成

(2)属性窗口。

审核过程中要查看每个清单或定额的详细信息时，审核人离不开属性窗口。属性窗口包含"详细对比""工料机显示""单价构成"等功能。

"详细对比"功能显示双方清单、定额的详细信息，包括编码、名称、项目特征、工程量、综合单价、综合合价等，如图 2-7-22 所示。

图 2-7-22　"详细对比"功能

"工料机显示"功能反映标准定额、送审、审定三方定额信息的差异，如图 2-7-23 所示。

图 2-7-23　"工料机显示"功能

"单价构成"功能显示送审、审定两方工程每一条清单综合单价计算过程的差异，如图 2-7-24 所示。

详细对比 | 工料机显示 | 单价构成 | 标准换算 | 换算信息 | 特征及内容 | 工程量明细 | 组价方案 | 说明信息

	序号	费用代号	名称	送审				审定				基数说明	费用类别
				计算基数	费率(%)	单价	合价	计算基数	费率(%)	单价	合价		
改 1	一	A	分项直接工程费	A1+A2+A3+A4		214.13	21770.17	A1+A2+A3+A4		436.4	44367.92	人工费+材料费+机械费+风险费	直接费
改 2	1	A1	人工费	RGF		22.26	2263.13	RGF		45.63	4639.11	人工费	人工费
改 3	2	A2	材料费	CLF		190.51	19368.77	CLF		389.41	39590.54	材料费	材料费
4	3	A3	机械费	JXF		1.36	138.27	JXF		1.36	138.27	机械费	机械费
5	4	A4	风险费			0	0			0	0		风险费
改 6	二	B	分项管理费	A	5.11	10.94	1112.25	A	5.11	22.3	2267.2	分项直接工程费	管理费
改 7	三	C	分项利润	A+B	3.11	7	711.68	A+B	3.11	14.27	1450.8	分项直接工程费+分项管理费	利润
改 8		D	分项综合单价	A+B+C		232.07	23594.09	A+B+C		472.97	48085.91	分项直接工程费+分项管理费+分项利润	单位工程造价

图 2-7-24 “单价构成”功能

3)主要功能

分部分项界面的主要功能有数据转换、查看关联、修改送审、过滤、导入依据。

(1)数据转换。

工程中经常会遇到送审方漏报、错报或报上来的数据较大的情况。想直接修改送审数据使之与审定数据一致，或者审核完一项后，发现不合适，重新审核、逐条手动输入和送审数据一样的数据，审核人就可以采用数据转换的功能。

如图 2-7-25 所示，送审方和审定方的“砖基础”清单项的工程量不一致，双方复核后发现送审方的数据错报，审核人要将送审方的工程量改为和审定方相同，点击功能区的“数据转换”按钮，选择“审定→送审”。

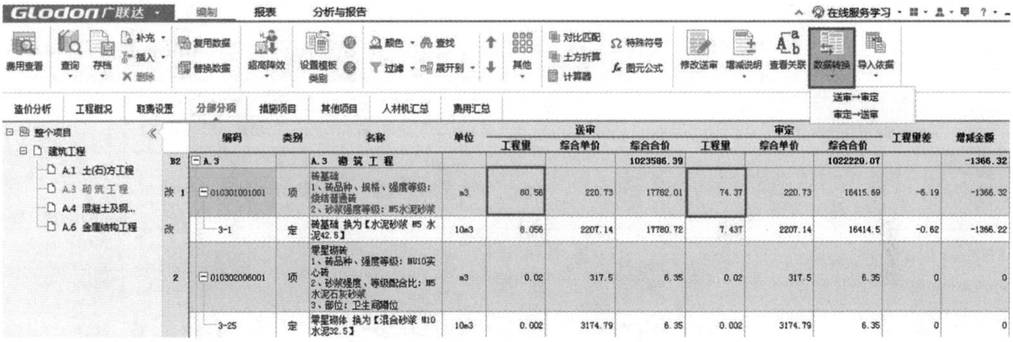

图 2-7-25 点击“数据转换”

在弹出的对话框中勾选要转换的清单项，如图 2-7-26 所示。对话框下方对“送审→审定”和“审定→送审”做了说明。

除了分部分项界面之外，审核人也可以在措施项目界面进行数据转换，勾选完毕后点击“确定”，如图 2-7-27 所示。

这时，送审工程量就修改为审定方的工程量了，如图 2-7-28 所示。

(2)查看关联。

审核人在审核工程时经常会遇到以下情况：多条清单或定额在审核后变为 1 条；1 条清单或定额在审核后变为多条；有些工程在审核时不允许有审增项，需用 Excel 报表体现。遇到这些情况，审核人可以在软件中采用“查看关联”功能处理，如图 2-7-29 所示。

工程中送审方有“挖土方”和“挖基础土方”清单项，审核人在审核过程中认为“挖土方”是增加项，双方核对工程量，最终达成一致，只保留“挖基础土方”清单项，工程量为 5813 ，这种情况在软件中如何处理呢？

第一步，修改审定方的“挖基础土方”工程量，改为 5813，如图 2-7-30 所示。

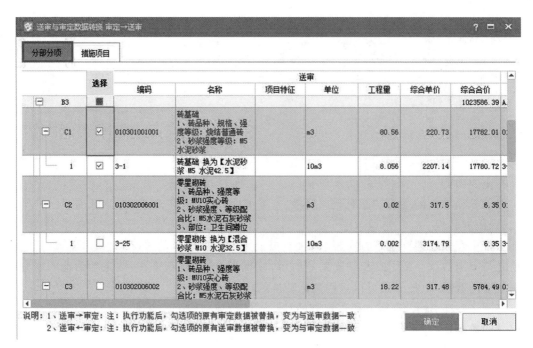

图 2-7-26 勾选要转换的清单项

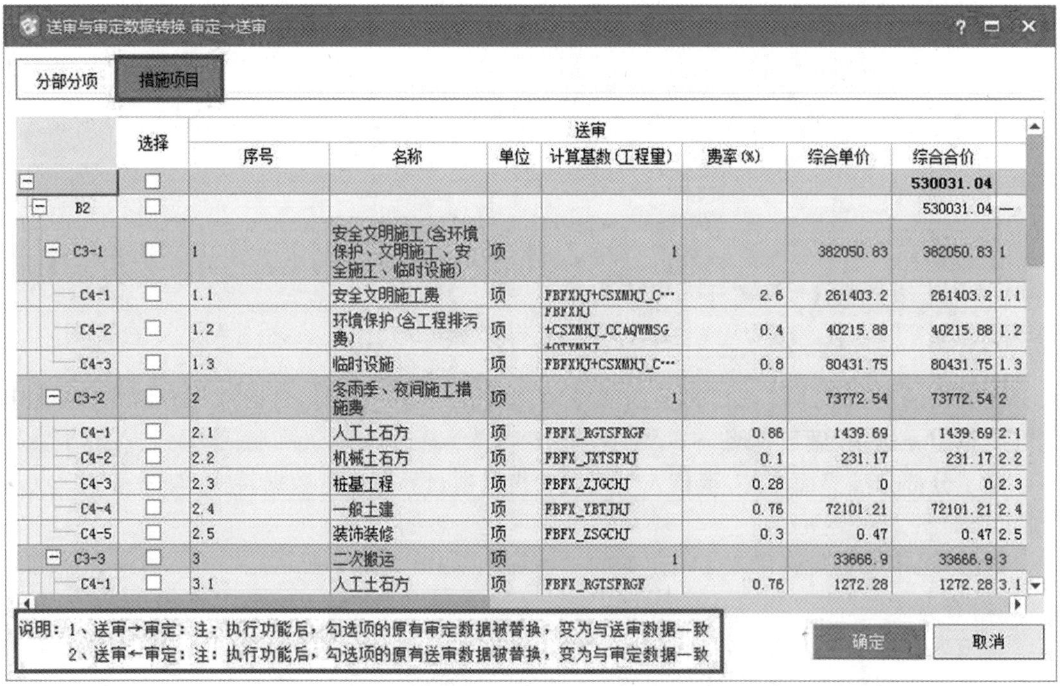

图 2-7-27 勾选完毕后点击"确定"

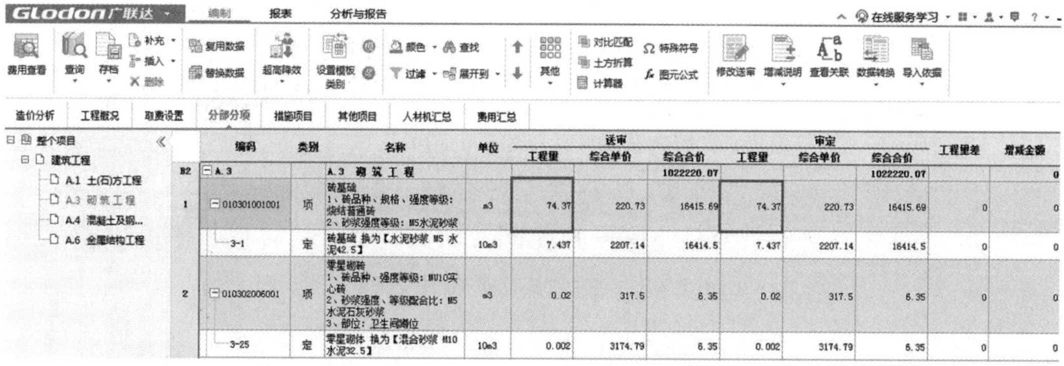

图 2-7-28 送审工程量修改为审定方的工程量

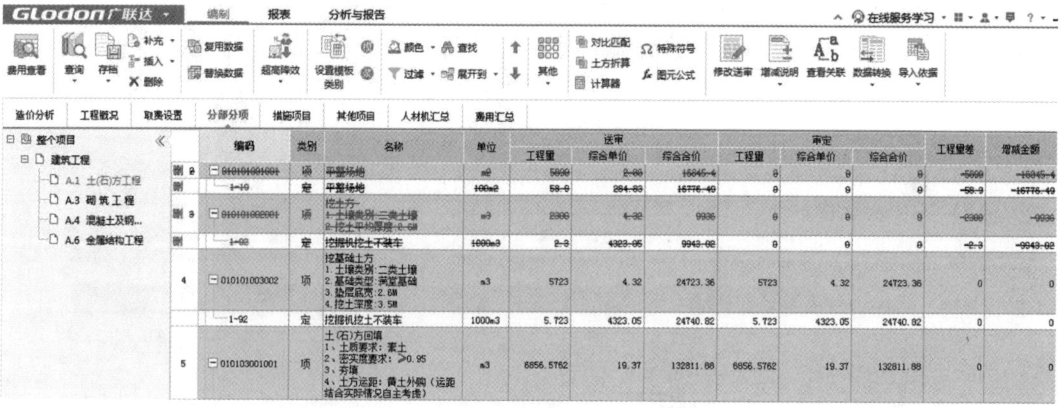

图 2-7-29 "查看关联"功能界面

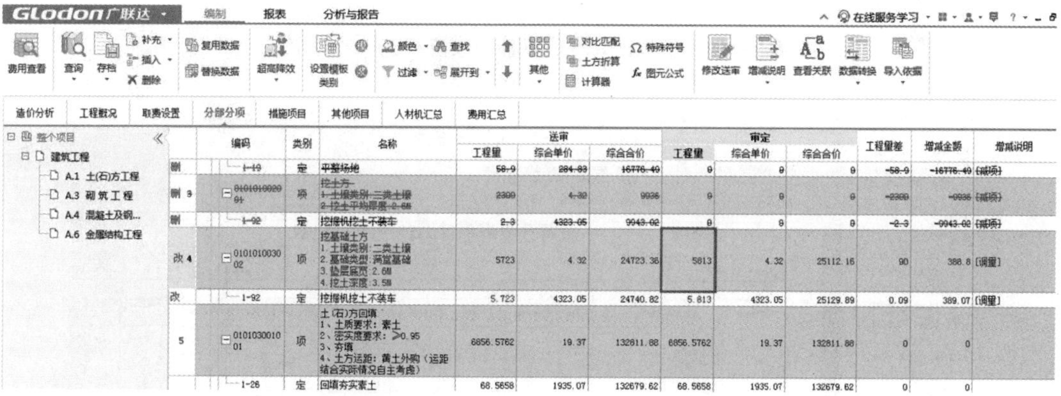

图 2-7-30 "挖基础土方"工程量

第二步,建立关联,在"挖基础土方"清单项的"清单关联"列建立关联,再在"挖土方"清单项的对应位置选择"关联1",如图 2-7-31 和图 2-7-32 所示。

第三步,在功能区点击"查看关联",送审方的"挖基础土方"和"挖土方"两条清单变为审定方的"挖基础土方"的一条清单,如图 2-7-33 所示。

第四步,在报表界面查看"分部分项清单对比表(含关联项)",报表也联动显示两条变为一条,如图 2-7-34 所示。

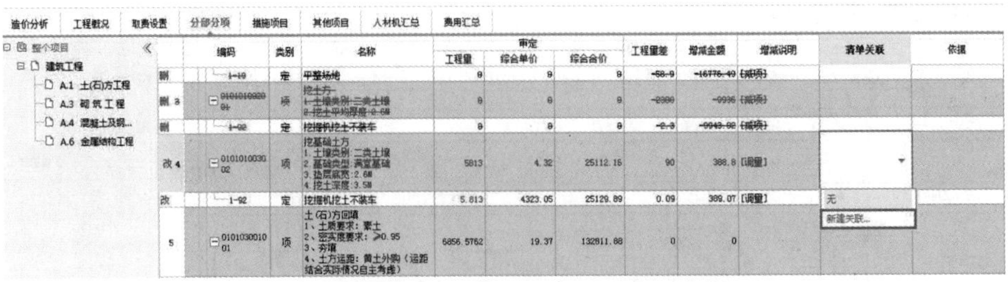

图 2-7-31 在"清单关联"列建立关联

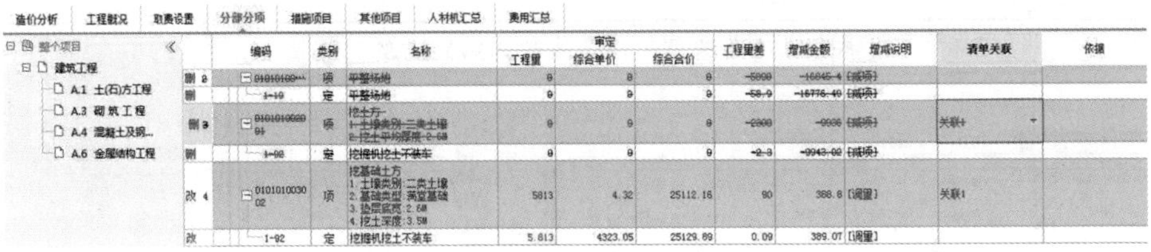

图 2-7-32 选择"关联 1"

图 2-7-33 送审方的两条清单变为审定方的一条清单

图 2-7-34 查看"分部分项清单对比表(含关联项)"

如果在关联的过程中发现错误,想取消关联,审核人可以在"清单关联"处选择"无",也可以选中清单行,单击右键,选择"取消关联",如图 2-7-35 所示。

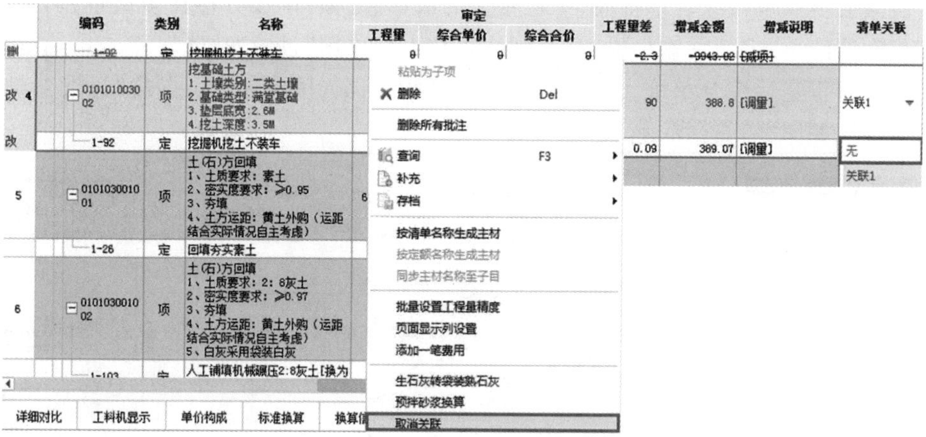

图 2-7-35 取消关联的方法

(3)修改送审。

审核过程中发现送审方漏报、错报,经双方同意允许修改送审数据时,审核人一般希望修改送审数据方便快捷且不影响已经审核完的其他项。

遇到需要单独修改送审数据的情况时,审核人可点击功能区的"修改送审"进行修改,如图 2-7-36 所示。

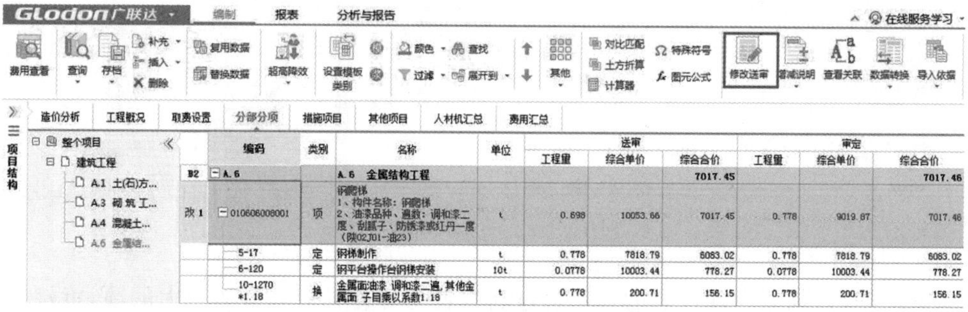

图 2-7-36 点击"修改送审"

这时,软件会直接进入送审工程界面,审核人能修改的信息和预算部分相同,修改完毕后,点击"应用修改",数据会更新到审核工程中,如图 2-7-37 所示。

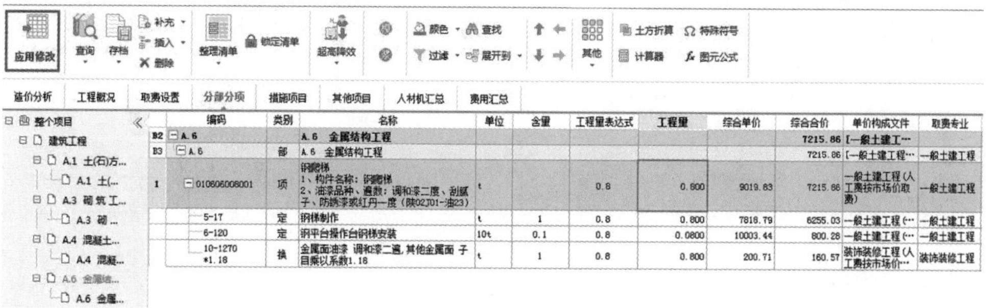

图 2-7-37 点击"应用修改"

(4)过滤。

审核人会重点审核综合单价高、工程量大的清单、定额;审核方存在多级审核,只查看审定后变化大的清单、定额并输出报表。这时,审核人可以用"过滤"功能。

想要查看审定后综合单价大于200且工程量大于500的清单项,点击"过滤",选择"设置过滤条件",如图2-7-38所示。

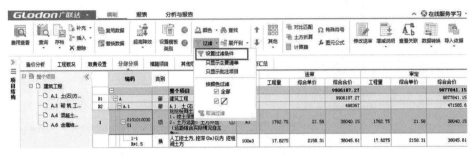

图2-7-38　点击"设置过滤条件"

在弹出的对话框中输入要过滤的信息,软件就会只显示符合条件的清单项,报表中单独的过滤报表会呈现过滤后的清单项,如图2-7-39所示。

图2-7-39　过滤后的清单项

审核完毕后,如果发现过滤的金额仍过高或者想要查看增减金额较大的项,审核人可以继续进行条件过滤;除条件过滤之外,软件还有其他的过滤方式,如"只显示主要清单""只显示批注项目""按颜色过滤";审核人也可以点击"取消过滤"来显示全部清单项。"过滤"功能界面如图2-7-40所示。

图2-7-40　"过滤"功能界面

(5)导入依据。

建设项目在进行结算的过程中,甲方要求施工方在上报合同外部分时提供相应依据文件,保证签证及设计变更的真实性,进行依据的关联及查看。

工程中的"砖基础"清单项要添加依据文件,将鼠标定位在"砖基础"清单项对应的"依据"列的单元格,点击"导入依据",如图 2-7-41 所示。

图 2-7-41　点击"导入依据"

在弹出的对话框中选择要导入的依据,如图 2-7-42 所示。导入后,审核人可以双击查看详细内容。

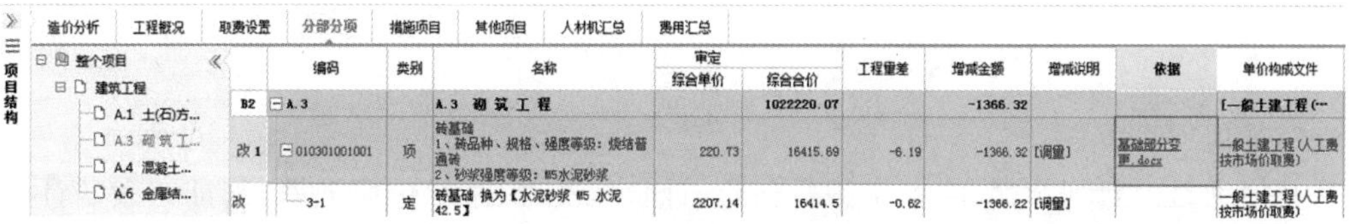

图 2-7-42　选择要导入的依据

> **练习**
>
> 根据图纸完成数据转换、查看关联、修改送审、过滤。

3. 其他部分审核

这部分主要介绍措施项目、其他项目、人材机、费用汇总的审核方法,如图 2-7-43 所示。

审核人已经在分部分项界面审核了工程数量,所以在接下来的四个界面,审核人的主要工作是对价格、费率以及费用基数的审核。

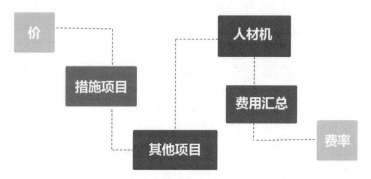

图 2-7-43　其他部分审核的内容

1) 措施项目审核

措施项目的审核方式和分部分项相同,软件也利用增、删、改区别不同。数据编辑区对比的是计算基数、费率、综合单价、综合合价,也会显示每项的增减金额及增减说明。下方属性窗口对比的内容和分部分项相同。需要注意的是,选择单审审核模式时,措施项目的取费模板默认为送审方的模板,当不能满足要求时,可点击"载入模板",挑选适合的模板,也可以把本工程的模板应用到其他工程,需要先点击"保存模板"把本工程的模板保存,再打开其他工程载入模板,如图 2-7-44 所示。

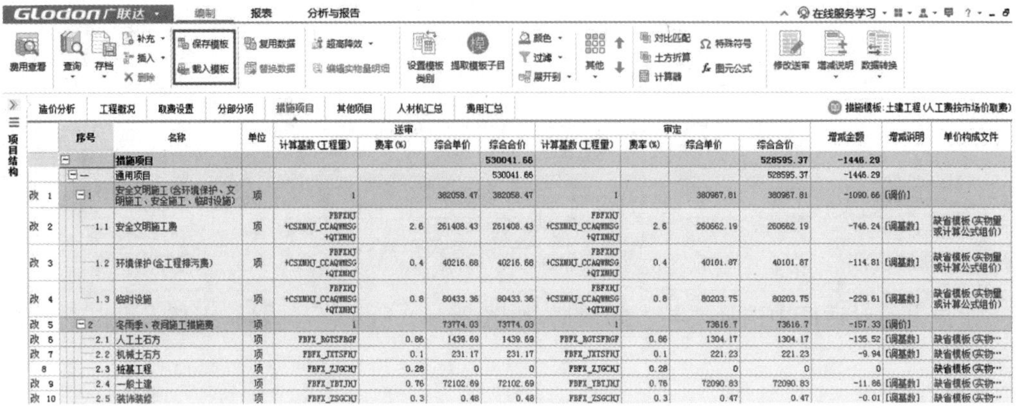

图 2-7-44 点击"保存模板"

2) 其他项目审核

其他项目由暂列金额、专业工程暂估价、计日工费用、总承包服务费、签证与索赔计价表组成。在每项中,软件都设置了送审和审定的对比,如图 2-7-45 所示。

图 2-7-45 其他项目审核的内容

3) 人材机审核

在人材机审核中,软件也根据不同颜色的增、删、改来区分两个工程的差异,审核人也可以修改审定方的市场价,如图 2-7-46 所示。

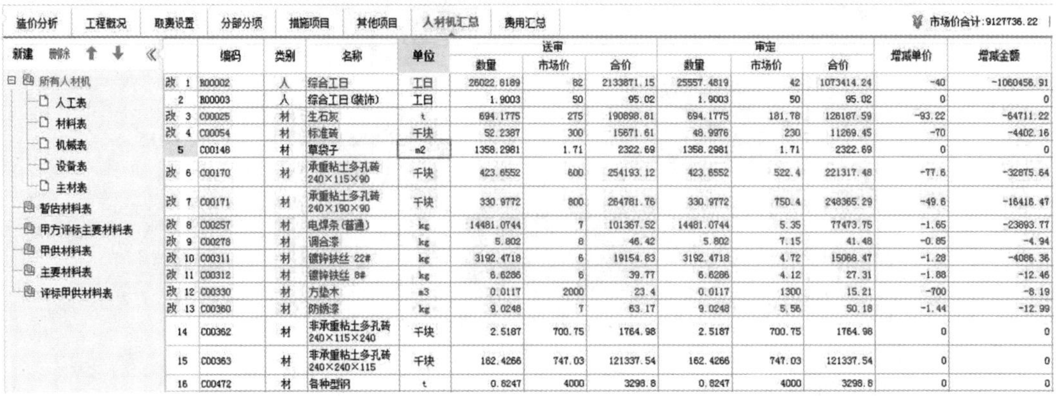

图 2-7-46 人材机审核的内容

> **练习**
>
> 根据图纸完成其他部分审核。

4）费用汇总审核

费用汇总审核重点审核计算基数和费率，针对每项费用，软件根据增、删、改的颜色标识帮我们快速找到差异项，如图 2-7-47 所示。

图 2-7-47 费用汇总审核的内容

4. 报表及其他

这部分主要介绍报表管理和审核分析报告两部分。

1）报表管理

工程审核完毕后，进入报表界面可以查看常用报表和过滤报表。常用报表包括单位工程审核对比表、分部分项清单对比表、分部分项清单对比表（含关联项）、措施项目审核对比表、其他项目审核对比表、计日工审核对比表、人材机审核对比表、审定工程量计算书，如图 2-7-48 所示。这些表都是通过送、审双方对比呈现的。

图 2-7-48 常用报表的内容

(1)导表。

在导表时,审核人可以点击"批量导出 Excel"或"批量导出 PDF",也可以像招投标部分那样导出单张,还可以连接打印机直接在软件中打印。

(2)复用。

点击"更多报表"可以看到软件提供了更多呈现内容和报表格式供大家选择。我们也可以把本工程中自己编辑修改好的报表格式利用"保存报表"进行保存,下次或者下个工程需要使用时再点击"载入报表"调用。当然,"载入报表"也提供了默认的报表格式,我们想把修改后的报表格式恢复为默认时就可以使用此功能。

2)审核分析与报告

软件提供了可编辑的报告模板,可根据工程需要编辑,如图 2-7-49 所示。点击"生成 WORD 文件",生成报告文件;"保存模板""载入模板"两个功能键可以将编辑过的报表模版重复利用。

图 2-7-49　可编辑的报告模板

(1)增减分析数据。

审核完毕后,审核人要清楚过程中各项的增减金额及原因,所以软件提供了增减分析数据。这些数据可以显示在报告模板中,也可以被导出到 Excel,如图 2-7-50 所示。

图 2-7-50　导出增减分析数据

(2)分析图表。

软件通过饼形图表和柱形图表来显示送、审双方的工程差异比例,如图 2-7-51 所示。双击总增减金额可对应显示不同级别的详细信息。某项在图表中所占百分比越高,这项的审减额就越大。分析图表能方便二次审核时快速找到要审查的重点项。要查看上一级信息时,点击右上角的"返回上一级"。分析图表还可以导出为 Word 文件。

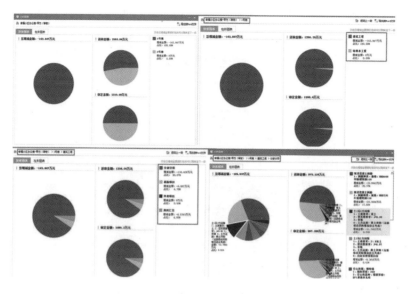

图 2-7-51　饼形图表

> **练习**
> 根据图纸完成费用汇总。

2.7.3　结算审核

结算审核是指利用云计价平台编制的结算文件,在其基础上进行单审审核或对比审核,可审核合同内及合同外。结算审核的审核思路及方法大部分和预算审核相同,所以这部分内容主要介绍与预算审核的不同之处,分为界面对比、人材机汇总、审核转预算或结算。

1．界面对比

1）分部分项界面

结算审核和预算审核都可以利用增、删、改不同的颜色变化快速定位差异项,但也有所不同。以分部分项界面为例,结算审核增加了对合同的审查,对比合同、送审结算、审定结算,通过工程量差和审减金额清楚地显示审核结果,如图 2-7-52 所示。

图 2-7-52　结算审核的分部分项界面

属性窗口的详细对比和工料机显示也分为合同、送审、审定进行对比,如图2-7-53所示。

审核过程	编码	名称	单位	工程量	综合单价	综合合价
1 合同	3-25	零星砌体 换为【混合砂浆 M10 水泥 32.5】	10m3	0.002	4883.25	9.77
2 送审	3-25	零星砌体 换为【混合砂浆 M10 水泥 32.5】	10m3	0.002	3174.79	6.35
3 审定	3-25	零星砌体 换为【混合砂浆 M10 水泥 32.5】	10m3	0.002	4883.25	9.77

					合同		送审		审定			
	编码	类别	名称	规格及型号	单位	含量	定额价	市场价	含量	单价	含量	单价	合同数量	结算数量
改1	R00002	人	综合工日		工日	29.76	42	82	29.76	42	29.76	82	0.0595	0.0595
2	C01634	浆	混合砂浆…		m3	2.11	175.47	175.47	2.11	175.47	2.11	175.47	0.0042	0.0042
改7	C00054	材	标准砖		千块	5.514	230	300	5.514	230	5.514	300	0.011	0.011
8	C01167	材	水		m3	2.5	3.85	3.85	2.5	3.85	2.5	3.85	0.005	0.005
9	J06016	机	灰浆搅拌机	拌筒容量…	台班	0.442	70.89	70.89	0.442	70.89	0.442	70.89	0.0009	0.0009

图2-7-53 详细对比和工料机显示

功能区有"人材机分期调整"功能键,操作方法和结算部分讲的相同,如图2-7-54所示。

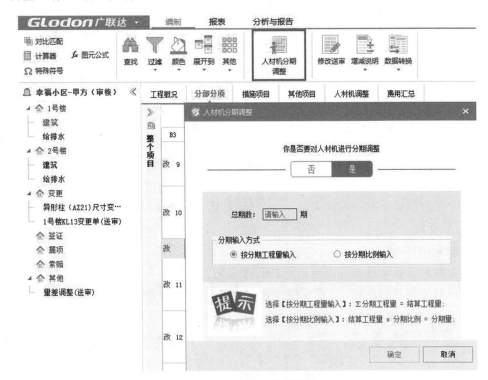

图2-7-54 人材机分期调整

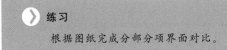

根据图纸完成分部分项界面对比。

2)措施项目界面

措施项目界面除了三方对比,还增加了结算方式,分为可调措施和总价包干,如

图 2-7-55 所示。如果合同约定某项措施费为总价包干，结算审核不受影响；若合同约定为某项措施费为可调措施，审核人可以修改此项的计算基数和费率。

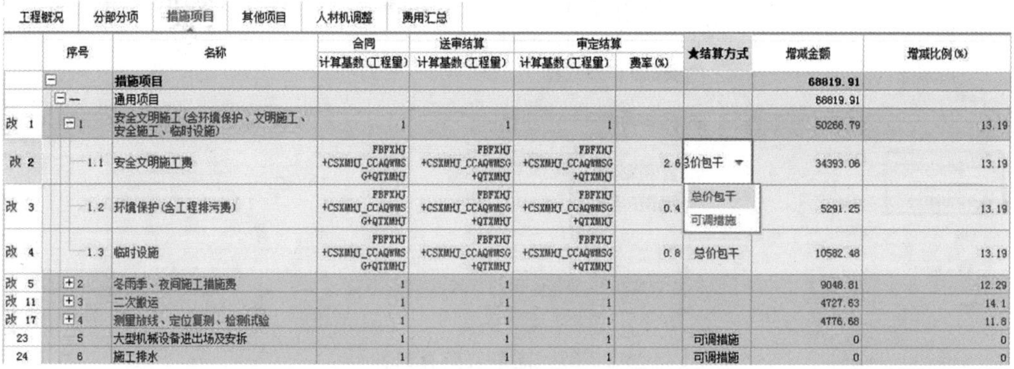

	序号	名称	合同 计算基数(工程量)	送审结算 计算基数(工程量)	审定结算 计算基数(工程量)	审定结算 费率(%)	★结算方式	增减金额	增减比例(%)
	⊟	措施项目						68819.91	
	⊟一	通用项目						68819.91	
改 1	⊟1	安全文明施工(含环境保护、文明施工、安全施工、临时设施)	1	1	1			50266.79	13.19
改 2	1.1	安全文明施工费	FBFXHJ+CSXMHJ_CCAQWMSG+QTXMHJ	FBFXHJ+CSXMHJ_CCAQWMSG+QTXMHJ	FBFXHJ+CSXMHJ_CCAQWMSG+QTXMHJ	2.6	总价包干	34393.06	13.19
改 3	1.2	环境保护(含工程排污费)	FBFXHJ+CSXMHJ_CCAQWMSG+QTXMHJ	FBFXHJ+CSXMHJ_CCAQWMSG+QTXMHJ	FBFXHJ+CSXMHJ_CCAQWMSG+QTXMHJ	0.4	总价包干 / 可调措施	5291.25	13.19
改 4	1.3	临时设施	FBFXHJ+CSXMHJ_CCAQWMSG+QTXMHJ	FBFXHJ+CSXMHJ_CCAQWMSG+QTXMHJ	FBFXHJ+CSXMHJ_CCAQWMSG+QTXMHJ	0.8	总价包干	10582.48	13.19
改 5	⊞2	冬雨季、夜间施工措施费	1	1	1			9048.81	12.29
改 11	⊞3	二次搬运	1	1	1			4727.63	14.1
改 17	⊞4	测量放线、定位复测、检测试验	1	1	1			4776.68	11.8
23	5	大型机械设备进出场及安拆	1	1	1		可调措施	0	0
24	6	施工排水	1	1	1		可调措施	0	0

图 2-7-55　结算审核的措施项目界面

> **练习**
>
> 根据图纸完成措施项目界面对比。

2. 人材机汇总

结算审核人材机汇总也是合同、送审结算、审定结算三方对比，也可根据增、删、改不同颜色区分差异，在结算审核过程中也支持材料调差，方法同验工计价，如图 2-7-56 所示。

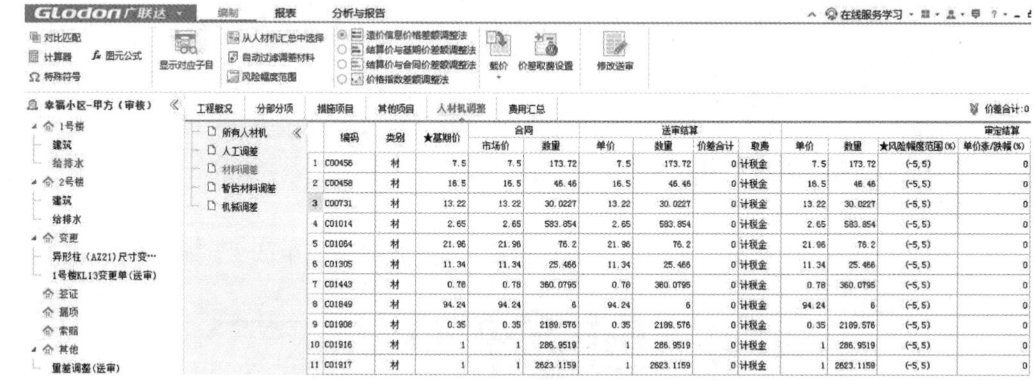

	编码	类别	★基期价	合同 市场价	合同 数量	送审结算 单价	送审结算 数量	送审结算 价差合计	送审结算 取费	审定结算 单价	审定结算 数量	★风险幅度范围(%)	单价涨/跌幅(%)
1	C00456	材	7.5	7.5	173.72	7.5	173.72	0	计税金	7.5	173.72	(-5,5)	0
2	C00458	材	16.5	16.5	46.46	16.5	46.46	0	计税金	16.5	46.46	(-5,5)	0
3	C00731	材	13.22	13.22	30.0227	13.22	30.0227	0	计税金	13.22	30.0227	(-5,5)	0
4	C01014	材	2.65	2.65	583.854	2.65	583.854	0	计税金	2.65	583.854	(-5,5)	0
5	C01064	材	21.96	21.96	76.2	21.96	76.2	0	计税金	21.96	76.2	(-5,5)	0
6	C01305	材	11.34	11.34	25.466	11.34	25.466	0	计税金	11.34	25.466	(-5,5)	0
7	C01443	材	0.78	0.78	360.0795	0.78	360.0795	0	计税金	0.78	360.0795	(-5,5)	0
8	C01849	材	94.24	94.24	6	94.24	6	0	计税金	94.24	6	(-5,5)	0
9	C01908	材	0.35	0.35	2189.576	0.35	2189.576	0	计税金	0.35	2189.576	(-5,5)	0
10	C01916	材	1	1	286.9519	1	286.9519	0	计税金	1	286.9519	(-5,5)	0
11	C01917	材	1	1	2623.1159	1	2623.1159	0	计税金	1	2623.1159	(-5,5)	0

图 2-7-56　结算审核的人材机汇总

> **练习**
>
> 根据图纸完成人材机汇总。

3. 审核转预算或结算

审核工作完成后，如果想把送审文件或审定文件转换成预算或结算文件，审核人可点击“Glodon 广联达”下拉菜单，选择“审定转结算文件”或“送审转结算文件”，在弹出的对话框中选择文件的保存路径，点击“确定”，如图 2-7-57 所示。

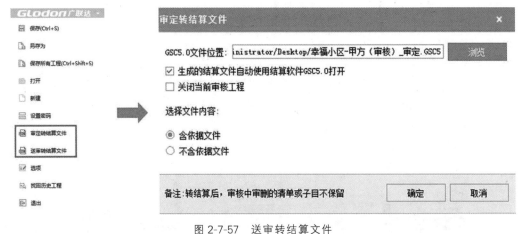

图 2-7-57　送审转结算文件

> 练习
>
> 根据图纸完成审核转预算或结算。

2.8　移动端部分

广联达云计价平台不仅支持 PC 端，而且支持移动端（云计价助手）。云计价助手是专为负责项目造价管理的各级领导及造价人员提供通过手机随时随地查看项目造价内容及全国各地计价政策、法规的便捷工具。

1. 安装

在手机的应用平台（见图 2-8-1）搜索云计价助手，或者扫描图中的二维码，下载、安装。

图 2-8-1　移动端安装

2. 登录

安装后，使用广联云账号快速登录（广联达所有相关产品及服务网站的账号统一），保证手机端与电脑端的登录账号保持一致,如图2-8-2所示。

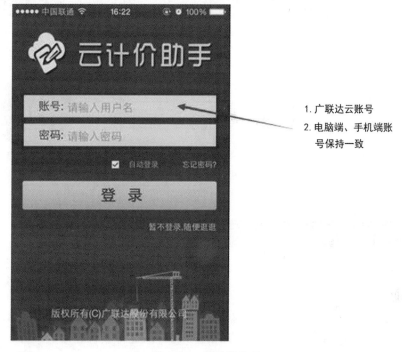

1. 广联达云账号
2. 电脑端、手机端账号保持一致

图 2-8-2 移动端登录

3.主要功能

1)查看工程

将电脑端的工程(幸福小区项目)保存到"我的空间",在手机端(云计价助手)登录账号即可查看保存的工程,如图2-8-3和图2-8-4所示。

图 2-8-3 将电脑端的工程保存到"我的空间"

工程造价软件应用

图 2-8-4　在手机端查看保存的工程

2）工程批注同步显示

在电脑端对工程的某项清单进行的批注、颜色标识，会同步到手机端，如图 2-8-5 至图 2-8-7 所示。用户可以在手机端查看批注信息，也可以进行颜色过滤。同样，手机端的批注信息也会同步到电脑端。

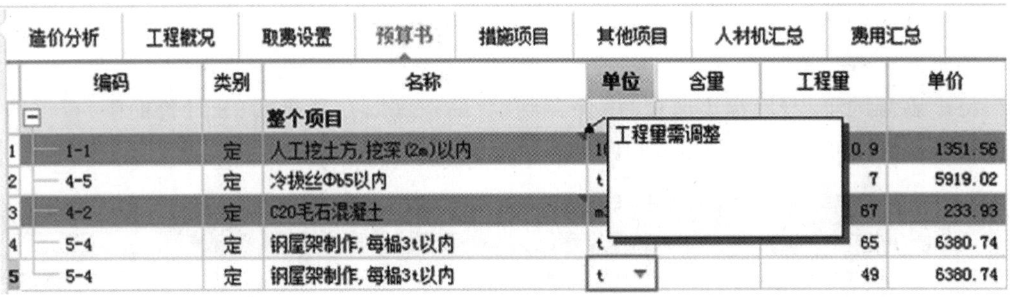

图 2-8-5　"工程量需调整"批注

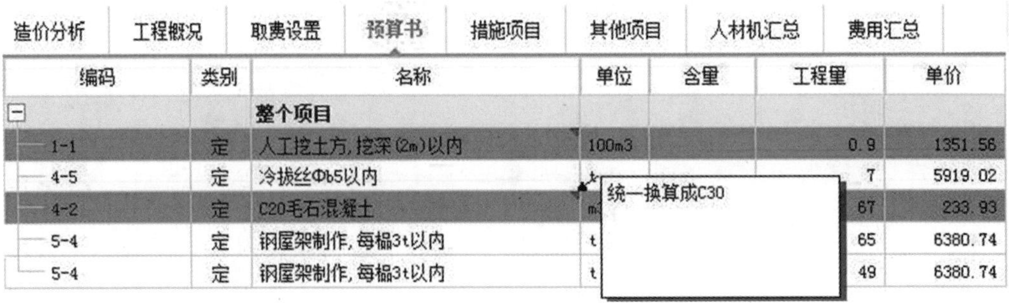

图 2-8-6　"统一换算成 C30"批注

项目2　广联达云计价平台GCCP5.0软件应用

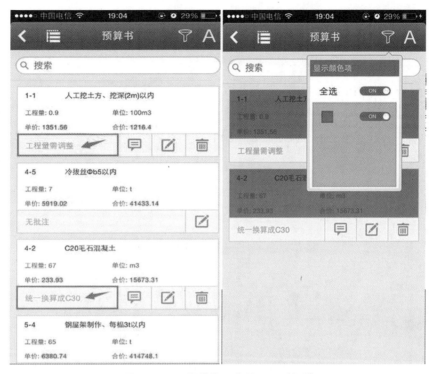

图 2-8-7　工程批注同步显示至手机端

3）查看咨询信息

用户可以利用"云计价助手"随时查看关注地区的相关造价规定、取费文件、定额说明等造价信息文件，如陕建发〔2015〕319号文，如图 2-8-8 所示。

图 2-8-8　查看咨询信息

附录

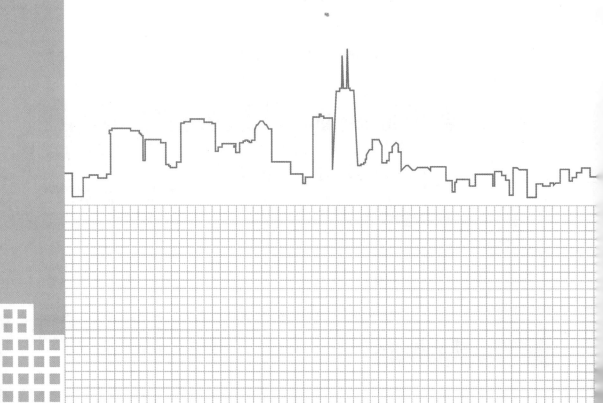

广联达软件常用快捷键

序号	功能	快捷键	备注
1	帮助	F1	
2	构件管理	F2	
3	按名称选择构件图元	F3	可以改变柱的插入点
4	左右镜像翻转（点式构件）	F3	
5	上下镜像翻转（点式构件）	Shift＋F3	可上下翻转点式构件图元
6	改变插入点（点式构件）	F4	可以改变柱的插入点
7	合法性检查	F5	
8	汇总计算	F9	
9	编辑构件图元钢筋/查看工程量计算式	F11	
10	构件图元显示设置	F12	
11	选择所有构件图元	Ctrl＋A	
12	新建工程	Ctrl＋N	
13	打开工程	Ctrl＋O	
14	保存工程	Ctrl＋S	
15	查找图元	Ctrl＋F	
16	撤销	Ctrl＋Z	
17	重复	Shift＋Ctrl＋Z	
18	偏移插入点（点式构件）	Ctrl＋单击	
19	输入偏移值	Shift＋单击	
20	报表设计	Ctrl＋D	
21	上一楼层	＋	
22	下一楼层	－	
23	全屏	Ctrl＋5	
24	放大	Ctrl＋I	
25	缩小	Ctrl＋U	
26	平移（左）	Ctrl＋←	
27	平移（右）	Ctrl＋→	
28	平移（上）	Ctrl＋↑	
29	平移（下）	Ctrl＋↓	

续表

序号	功能	快捷键	备注
30	另存为	Alt+P+A	
31	导入图形/钢筋工程	Alt+P+G	
32	导入其他工程	Alt+P+I	
33	导出 GCL 工程	Alt+P+T	
34	合并其他工程	Alt+P+M	
35	打印图形	Alt+P+P	
36	删除当前楼层构件	Alt+F+E	
37	从其他楼层复制构件	Alt+F+O	
38	修改楼层构件名称	Alt+F+G	
39	批量修改楼层构件做法	Alt+F+W	
40	块复制	Alt+F+Y	
41	块移动	Alt+F+V	
42	块旋转	Alt+F+R	
43	块镜像	Alt+F+M	
44	块拉伸	Alt+F+X	
45	块删除	Alt+F+D	
46	块存盘	Alt+F+S	
47	块提取	Alt+F+L	
48	构件列表	Alt+E+E	
49	柱表	Alt+E+Z	
50	暗柱表	Alt+E+A	
51	连梁表	Alt+E+K	
52	构件数据刷	Alt+E+D	
53	修改构件名称	Alt+E+Y	
54	按类型选择构件图元	Alt+E+T	
55	查看构件属性信息	Alt+E+P	
56	查看构件坐标信息	Alt+E+C	
57	查看构件错误信息	Alt+E+E	
58	打印选择构件钢筋明细	Alt+R+V	

续表

序号	功能	快捷键	备注
59	打印选择构件钢筋量	Alt＋R＋Q	
60	计算两点距离	Alt＋T＋M	
61	显示线性图元方向	Alt＋T＋F	
62	查看楼层工程量（图形软件）	Alt＋R＋F	
63	查看楼层工程量计算式（图形软件）	Alt＋R＋L	
64	轴网	J	
65	辅助轴网	O	
66	垫层	X	
67	满基	M	
68	独立基础	D	
69	条基	T	
70	桩承台	V	
71	桩	U	
72	柱	Z	
73	墙	Q	
74	墙垛	E	
75	门	M	
76	窗	C	
77	墙洞	D	
78	门联窗	A	
79	过梁	G	
80	壁龛	I	
81	梁	L	
82	板	B	
83	板洞	N	
84	楼梯	R	
85	房间	F	
86	屋面	W	
87	栏板	K	

续表

序号	功能	快捷键	备注
88	挑檐	T	
89	阳台	Y	
90	雨篷	P	
91	保温	H	
92	地沟	G	
93	散水	S	
94	平整场地	V	
95	建筑面积	U	
96	基槽土方	C	
97	基坑土方	K	
98	大开挖土方	W	
99	暗梁	A	
100	连梁	G	
101	圈梁	E	
102	砌体加筋	Y	